农作物重大病虫害
监测预警工作年报
2017

全国农业技术推广服务中心

中国农业出版社
北京

　　病虫测报是植物保护的先导性工作，在农作物病虫害防控治理中，既是生产管理部门决策的重要依据，又为广大农业生产者提供预报信息服务。准确的病虫测报能够及时有效指导病虫防控，提高防治效果，在保障生产安全的基础上，最大限度地减少用药次数和用药量，促进农业绿色发展。近年来，全国病虫测报在信息网络平台建设、新型测报工具研发应用、预报信息发布模式创新，以及病虫测报技术科学研究等方面取得了显著成绩，对提升我国农作物病虫害防控治理能力，保障国家粮食安全、农产品质量安全和农业生态环境安全发挥了重要的技术支撑作用。

　　年报是测报工作、资料及数据总结分析和积累的重要方式。为及时总结分析重大病虫害发生情况及成因，评估预测预报准确性和工作成效，并系统积累测报数据资料，研究探索病虫害发生规律和测报技术，不断提升重大病虫害监测预警能力，自2010年起，全国农业技术推广服务中心病虫害测报处探索建立了农作物重大病虫害监测预警年报制度，至今已连续8年不间断编辑出版《农作物重大病虫害监测预警工作年报》（简称《年报》）。8年来，通过编撰《年报》，不仅促进了测报工作总结交流，也促进了测报工作的规范化发展，还锻炼了测报人员的业务能力，受到全国植保科研、教学和推广部门的广泛认可，也得到许多同行专家的一致好评，在全国植保体系中发挥了很好的示范引领作用。

　　本期《年报》在总结以往编撰经验的基础上，根据形势需要进行较大创新调整。除保留原重大病虫害发生概况与分析、重大病虫害趋势预报评估、重大病虫害监测预警工作总结、重大测报项目研究进展和测报工作大事记等章节外，重点增加了全国植保科研系统的重大活动、重大成果和重要进展，增加了全国植保体系省级机构测报方面的重要活动和重要政策措施，信息更全面，权威性更强，参考性更大，将更好地促进测报大数据建设和测报技术进步。

　　党的十九大作出了实施乡村振兴战略，加快推进农业农村现代化的重大部署。植物保护特别是测报工作应顺应形势发展要求，紧紧围绕农业绿色高质高效发展目标，实现由"保供给、保安全"向"保供给、保安全、保绿色"转变，加快智慧测报、精准测报和现代植保体系建设，提高重大病虫害监测预警能力，为减量控害保安全做出新的贡献。

全国农业技术推广服务中心主任　刘天金

2018年9月

目录

目录

目录

全国农作物重大病虫害发生概况与分析

2017年全国水稻主要病虫害发生概况与分析

1 发生概况

2017年全国水稻病虫害总体中等发生，轻于2016年和常年。全国发生面积8 042万hm²次，是2002年以来发生面积最小的年份，比2016年减少2.4%，比2011—2016年均值减少14.8%；造成实际损失332万t，比2016年减少5.6%，比2011—2016年均值减少20.5%（图1-1）。其中虫害重于病害，虫害发生面积5 519万hm²次，病害发生面积2 523万hm²次，分别比2016年减少2.0%、3.3%。从发生种类来看，以稻飞虱、稻纵卷叶螟、二化螟、水稻纹枯病、稻瘟病、稻曲病、水稻病毒病为主；从主要病虫种类发生面积大小来看，稻飞虱＞水稻纹枯病＞稻纵卷叶螟＞二化螟＞稻瘟病＞稻曲病＞水稻病毒病；从发生程度来看，二化螟、水稻纹枯病偏重发生，稻飞虱、稻纵卷叶螟中等发生，稻瘟病、稻曲病、水稻病毒病偏轻发生。

稻飞虱总体中等发生，轻于2016年和常年。其中，华南稻区偏重发生，江南、西南和长江中游稻区中等发生，长江下游和江淮稻区偏轻发生。全国累计发生面积1 968万hm²次，防治面积2 636万hm²次，挽回水稻产量损失552万t，造成实际损失55万t；比2016年分别减少5.0%、6.6%、7.8%、12.5%；比2011—2016年平均值分别减少23.1%、26.3%、39.8%、39.5%（图1-2）。

稻纵卷叶螟总体中等发生，与2016年持平，轻于常年。其中，长江下游稻区偏重至大发生，重于2016年；华南、江南、西南东部、长江中游稻区中等发生，西南西部稻区偏轻发生。全国累计发

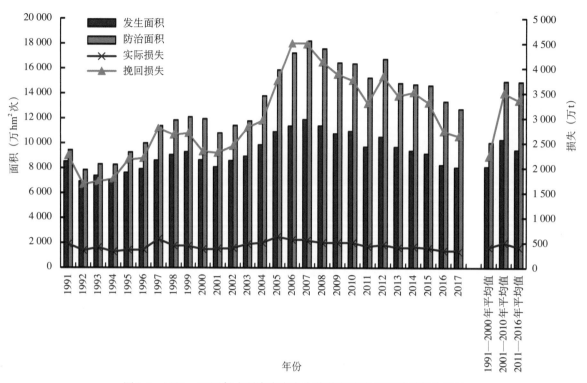

图1-1　1991—2017年水稻病虫害发生防治面积和实际挽回损失统计

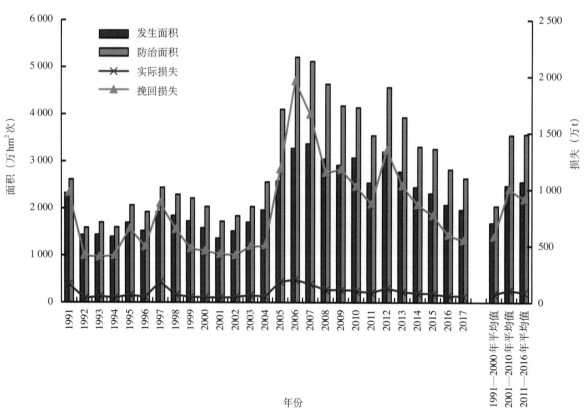

图1-2　1991—2017年全国稻飞虱发生防治面积和实际挽回损失统计

生面积1 381万hm²次，防治面积1 824万hm²次，挽回水稻产量损失342万t，造成实际损失35万t；比2016年分别减少0.7%、3.0%、0.3%、11.0%；比2011—2016年平均值分别减少13.2%、15.1%、24.7%、31.3%（图1-3）。

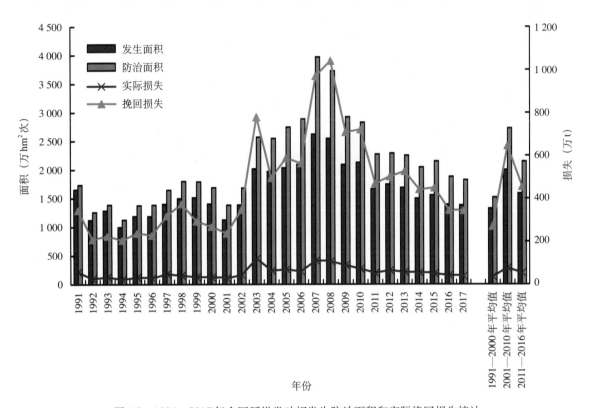

图1-3　1991—2017年全国稻纵卷叶螟发生防治面积和实际挽回损失统计

二化螟总体偏重发生，发生程度呈明显回升态势。其中江南、西南北部和长江中游稻区偏重发生，湘南衡阳、株洲和邵阳局部大发生；西南东部、长江下游和江淮稻区中等发生，华南、西南南部和东北稻区偏轻发生。全国累计发生面积1 318万hm²次，防治面积1 912万hm²次，挽回水稻产量损失469万t，造成实际损失61万t。由于前期二化螟冬后基数大、蛾量高，各级植保机构高度重视，在发生面积比2016年增加1.1%的情况下，加大防控力度，挽回产量损失比2016年多7.4%，造成实际损失与2016年相似。与2011—2016年平均值相比，发生面积虽然比平均值减少4.9%，但造成实际损失比平均值增加6.4%，说明2017年发生程度明显重于近年同期（图1-4）。

稻纹枯病总体偏重发生，轻于2016年和常年。其中，华南、江南、西南北部、长江中下游及东北中南部稻区偏重发生，江淮稻区中等发生，西南南部、东北北部稻区偏轻发生。全国累计发生面积1 636万hm²，防治面积2 402万hm²，挽回水稻产量损失721万t，造成实际损失95万t；比2016年分别减少4.7%、7.9%、4.9%、10.0%；比2011—2016年平均值分别减少7.6%、13.1%、12.3%、12.5%（图1-5）。

稻瘟病总体偏轻发生，是1991年以来最轻的年份。其中叶瘟在西南大部和长江中下游稻区中等发生，穗瘟在华南南部稻区中等发生，其他稻区偏轻发生。全国累计发生面积340万hm²次，是1991年以来次少的年份，仅高于1991年；防治面积1 399万hm²次，挽回水稻产量损失255万t；造成实际损失30万t，是1991年以来最少的年份；比2016年分别减少12.3%、11.4%、9.2%、4.8%；比2011—2016年平均值分别减少24.5%、10.0%、22.0%、30.8%（图1-6）。

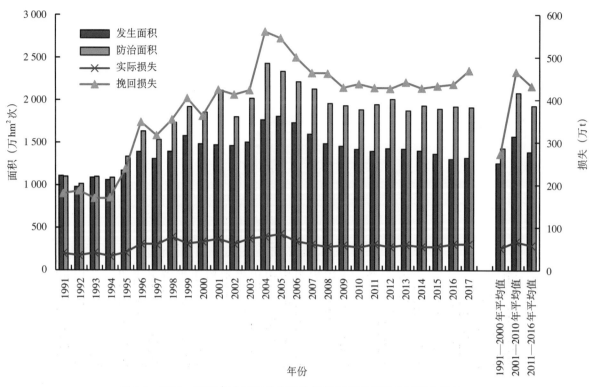

图1-4 1991—2017年全国二化螟发生防治面积和实际挽回损失统计

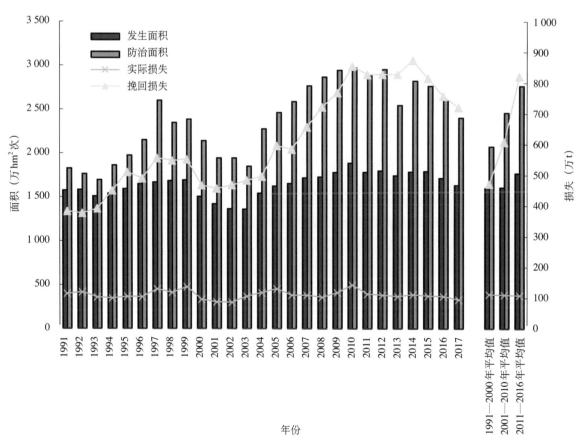

图1-5 1991—2017年全国水稻纹枯病发生防治面积和实际挽回损失统计

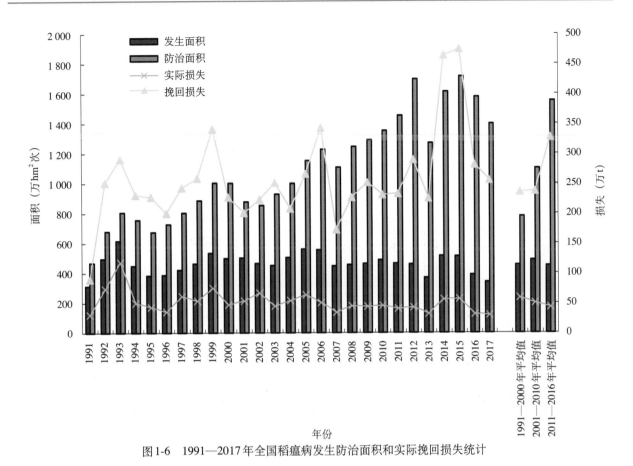

图1-6　1991—2017年全国稻瘟病发生防治面积和实际挽回损失统计

稻曲病总体偏轻发生，轻于2016年和常年，其中长江中下游稻区中等发生。全国累计发生面积229万hm²，防治面积707万hm²，挽回损失66.5万t，造成实际损失10.5万t；分别比2016年增加22.9%、14.2%、12.5%、18.1%；与2008—2016年平均值相比，防治面积增加2.2%，累计发生面积、挽回损失、实际损失分别减少25.1%、18.4%、33.6%（图1-7）。

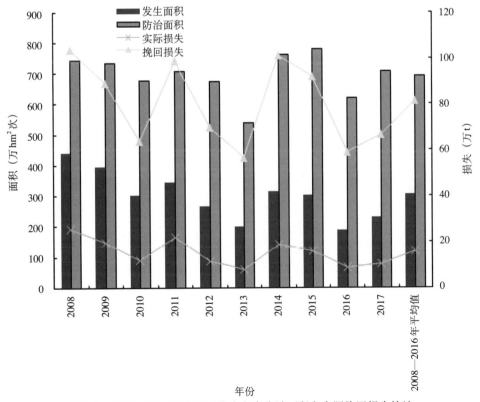

图1-7　2008—2017年全国稻曲病发生防治面积和实际挽回损失统计

水稻病毒病总体偏轻发生，全国累计发生面积28.7万hm²，防治面积88.6万hm²，挽回水稻产量损失19.3万t，造成实际损失5.5万t；比2016年分别减少15.8%、13.9%、13.5%、58.3%；比2008—2016年均值分别减少65.1%、67.5%、71.5%、25.4%（图1-8）。其中南方水稻黑条矮缩病在南方稻区偏轻发生，华南稻区重于2016年，个别严重田块大发生，江南和长江中下游稻区明显轻于2016年；水稻橙叶病和水稻齿叶矮缩病在华南稻区、水稻黑条矮缩病和水稻条纹叶枯病在长江中下游稻区和江淮稻区有一定程度发生。

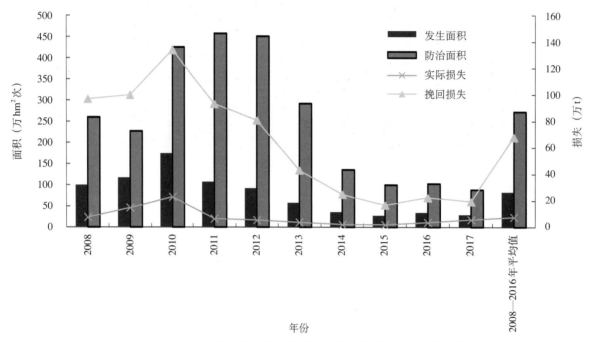

图1-8　2008—2017年全国水稻病毒病发生防治面积和实际挽回损失统计

2　发生特点

2.1　"两迁"害虫发生平稳，局部偏重

2.1.1　早期迁入晚

2017年华南前汛期于4月20日开始，较常年晚14d，较2016年（3月21日）晚30d。受入汛偏晚影响，稻飞虱迁入峰期晚于常年和2016年，比常年偏晚5~10d，比2016年晚7~17d。其中，福建第一个迁入峰出现在5月3~8日，较常年迟5d左右，较2016年晚10d左右；湖南首个迁入峰出现在4月8~9日，比2016年迟7d；江西单灯单日虫量超过1 000头的迁入峰较2016年晚17d。稻纵卷叶螟迁入峰期较2016年偏晚7~10d。其中，福建6月10~16日出现第一个突增峰，比2016年晚10d左右；湖南在5月14日首次监测到单灯单日蛾量超过10头，比2016年晚9d。

2.1.2　稻飞虱迁入虫量少，褐飞虱比例高，田间虫量低

通过统计分析全国315个水稻监测点的稻飞虱灯下诱虫量，结果显示2017年稻飞虱诱虫总量为近7年来第五位，比2016年偏少36.9%，比2011—2016年平均值偏少38.8%。从不同种类来看，2017年白背飞虱诱虫总量多于褐飞虱，但白背飞虱同比减少54.0%，褐飞虱同比偏多43.8%；褐飞虱诱虫总量占稻飞虱诱虫总量的39.9%，比2016年高22.4%，处于近7年来的中等水平（图1-9）。从发生动态来看，3~8月诱虫种类以白背飞虱为主，9~11月以褐飞虱为主；2017年白背飞虱各月诱虫量大多低于2016年，仅有8月同比增加99.5%；2017年褐飞虱大多高于2016年，其中3月、6月分别是2016

年同期的2倍、2.5倍（图1-10）。受迁入虫量偏少及夏季高温影响，稻飞虱田间虫量总体低于2016年同期。通过比较分析2016—2017年不同稻区每侯（5d）大田普查平均百丛虫量，发现华南、江南和西南稻区田间虫量明显低于2016年同期，长江中下游和江淮稻区从8月20日起虫量略高于2016年同期，但总体仍处于较低水平（图1-11至1-14）。

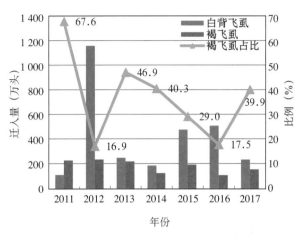

图1-9　2011—2017年稻飞虱灯下诱虫总量比较

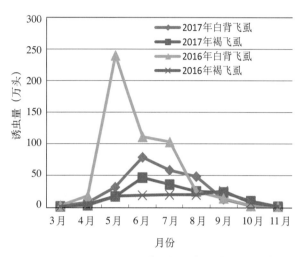

图1-10　2016—2017年稻飞虱灯下虫量发生动态

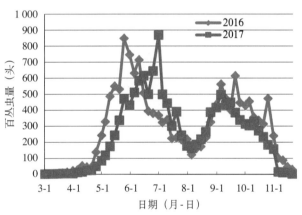

图1-11　2016—2017年华南稻区田间稻飞虱发生动态

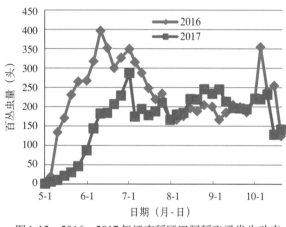

图1-12　2016—2017年江南稻区田间稻飞虱发生动态

图1-13　2016—2017年西南稻区田间稻飞虱发生动态

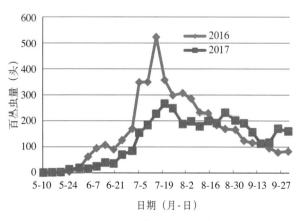

图1-14　2016—2017年长江中下游及江淮稻区田间稻飞虱发生动态

2.1.3 稻纵卷叶螟蛾量前少后多，程度前轻后重，长江下游为偏重至大发生

通过统计分析全国315个水稻监测点的稻纵卷叶螟灯下诱蛾量，结果表明2017年稻纵卷叶螟灯下诱蛾量比2016年偏多33.4%，前少后多，尤其是9月，诱蛾量是2016年同期的4倍（图1-15）。从不同稻区诱蛾量看，江南稻区、长江中下游和江淮、华南稻区迁入蛾量分别比2016年偏多71.0%、66.6%、16.9%，而西南稻区比2016年减少47.4%（图1-16）。其中长江下游地区五（3）代、六（4）代峰期持续时间长，蛾量高。如江苏、上海稻纵卷叶螟五（3）代蛾峰从8月3～4日开始，峰期持续时间15d左右，其中江苏系统田平均累计每667m²蛾量12 926头，列2011年来第一位，是2011年来平均值的2倍，上海累计蛾量19 538头，显著高于近三年同期；六（4）代蛾峰期在上海、江苏南部和沿江为9月4～14日，在江苏淮北为9月7～26日，持续时间长，其中江苏系统田平均累计每667m²蛾量25 543头，是2011年来均值的1.4倍，上海累计蛾量6 459头，是2016年同期的10.3倍。田间虫卵量前少后多，中晚稻重于早稻，长江下游稻区重于江南、华南和西南稻区，总体中等发生，其中长江下游稻区五（3）代、六（4）代偏重至大发生。五（3）代田间幼虫上升快，虫量高，为害重，如江苏平均百丛虫卵量100～200头·粒，沿太湖、沿江观测圃1 100～2 900头·粒，是大发生指标的5.5～14.5倍；上海平均每667m²卵量12.6万粒，每667m²虫量2.89万头，分别是2016年同期的8.9倍、2.8倍；上海、江苏南部和沿太湖地区大田卷叶率一般为0.5%～3.8%，局部观测圃达15%～33%。六（4）代蛾量高，但以迁出为主，故田间虫卵量相对较低，一般百丛虫卵量低于50头·粒，局部较高，如上海平均每667m²虫量3.2万头，经有效防控后，每667m²虫量仅有5 000头；大田卷叶率一般低于2%。

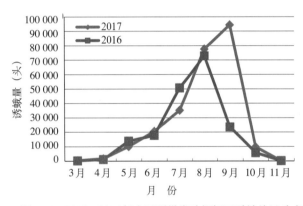

图1-15　2016—2017年全国稻纵卷叶螟灯下诱蛾总量动态　　图1-16　2016—2017年不同稻区稻纵卷叶螟灯下蛾量比较

2.2 二化螟回升态势明显

2.2.1 冬后基数高

2016年冬季为1961年以来最暖的冬季。受暖冬气候影响，二化螟在江南稻区的冬后基数明显偏高，每667m²虫量一般为2 400～4 700头，是2016年同期的2倍。其中，江西每667m²虫量平均为12 056头，是2016年同期的2.65倍，万安县、永修县、九江县、南昌县、大余县等地局部高达10万～16万头，创历史之最。湖南每667m²虫量平均为4 677头，是2016年的1.8倍，前5年平均值的1.5倍，湘中和湘东的娄底市、湘潭市、株洲市、衡阳市、邵阳市平均高达9 161头，局部高达17万头。福建每667m²虫量平均为3 721头，较2016年增加80%；光泽县、尤溪县分别高达26 222头、8 165头，是2016年的12.6倍、4.6倍。浙江每667m²虫量平均为2 827头，比2016年同期增加85.2%，浙南及东南沿海等单双混栽稻区较高，象山县、临海市、温岭市高达8 880头、7 070头、5 826头，分别是2016年的3倍、11倍、3.7倍。

2.2.2 灯下诱蛾量高

比较2012—2017年二化螟灯下诱蛾总量，结果显示近年来逐年上升，2017年二化螟灯下诱蛾量比2016年增加56.4%，是近5年均值的2.2倍（图1-17）。通过分析2016年、2017年二化螟田间蛾量动

态发现，一代、三代、四代蛾量明显偏高（图1-18）。以4月为例，江南大部地区由南往北陆续进入二化螟羽化盛期，灯下诱蛾量明显高于2016年同期。其中，江西高峰期诱蛾量是2016年和常年同期的5～12倍，高安市于4月17日、永修县于4月18日灯下诱蛾量分别高达1 878头、3 156头。湖南统计23县平均诱蛾量是2016年同期的3倍，湘南常宁市和道县分别是近4年平均值的4.9倍、2.4倍，其中常宁市于4月25日单灯诱蛾量高达1 140头。福建统计12县平均诱蛾量比2016年同期增加55%，永安市、建瓯市、福清市、仙游县、长汀县分别是2016年同期的6.8倍、5.2倍、2.9倍、2.3倍、1.9倍。浙南沿海及浙西南山区羽化高峰期为4月下旬至5月初，浙南苍南县4月15～21日累计虫量是2016年的3.2倍；其他地区5月上、中旬进入羽化盛期。

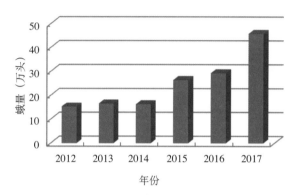

图1-17　2012—2017年二化螟灯下诱蛾量总量比较

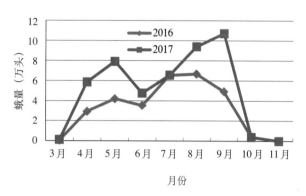

图1-18　2016—2017年二化螟田间蛾量发生动态比较

2.2.3　田间虫量高，一代为害突出

二化螟在江南、西南北部和长江中游稻区偏重发生，从二化螟各代次发生程度看，一代偏重发生；二代、三代中等发生，重于2016年，其中三代在湘中、湘南偏重发生，湘南衡阳大发生；四代中等发生，轻于2016年。以发生较为突出的湖南和江西为例。湖南一代二化螟每667m²幼虫量平均为4 163头，是2016年同期的1.7倍，田间枯鞘株率平均为4%，枯鞘丛率平均为13%，枯鞘丛率比2016年同期增加2.8%；二代二化螟每667m²幼虫量平均为1 404头，比2016年同期增加26%，枯鞘株率和枯心率分别为2.3%和0.6%，与2016年同期相近；三代二化螟每667m²幼虫量平均为1 451头，比2016年同期增加46%，衡阳、衡南、双峰、邵东等县平均每667m²幼虫量超过5 000头，其中衡阳县超过万头，田间枯鞘株率0.1%～2.2%；四代二化螟每667m²幼虫量平均为1 539头，比2016年同期减少0.7%，枯心率平均为0.7%，比2016年同期减少0.4%，据统计有20个县平均每667m²虫量超过千头，其中常宁、祁阳县分别达到14 844头、8 120头，发生严重田块超过3万头。江西一代二化螟在5月中旬为害普遍，枯鞘丛率平均为27.9%，高的24%～72%，是2016年同期的2.1倍，大余、新建、浮梁等县高达100%，全省73%的县平均枯鞘丛率超过防治指标；二代二化螟在6月下旬中稻上造成枯鞘丛率平均为8.1%，高的22%～32%，浮梁最高达80%，高于2016年同期；三代二化螟在8月中、下旬晚稻上造成枯鞘丛率平均为7.8%，高的16%～48%；四代二化螟在9月下旬至10月上旬晚稻上造成白穗率平均为0.6%，比2016年同期减少0.1%，但局部为害重于2016年，如安远白穗率最高达20.8%，明显高于2016年最重的万安县（白穗率为7.4%）。

2.3　水稻病害发生程度总体减轻，病毒病在华南局部稻区发生较重

2.3.1　常发性病害偏重发生，轻于2016年

水稻纹枯病是水稻上的常发性病害，在各稻区有不同程度发生。华南和江南双季稻区纹枯病偏重发生，总体表现为前重后轻，早稻重于晚稻。定案调查，早稻病丛率一般为15%～60%，病株率一般为5%～30%，其中广西和江西略重于2016年，其他省份略轻于2016年；晚稻病丛率一般为13%～54%，病株率一般为5%～29%，其中广西略重于2016年，其他省份轻于2016年。江南、长江

中下游和江淮单季稻区纹枯病中等至偏重发生，轻于2016年，病丛率一般为7%~55%，病株率一般为2%~25%。西南和东北单季稻稻区纹枯病中等发生，病株率一般为3%~13%。其中西南北部和东北中南部偏重发生，轻于2016年，西南南部、东北北部稻区偏轻发生，东北北部有逐年加重的趋势。

2.3.2 气候型病害偏轻发生，局部发生较重

稻瘟病总体偏轻发生，稻区间、品种间发生程度差异大。稻瘟病在华南和江南双季稻区主要表现为早稻重于晚稻，其中早稻病叶率一般为0.1%~5.8%，病穗率一般为0.3%~4.4%；晚稻病叶率一般为0.2%~5.5%，病穗率一般为0.1%~2.6%，均轻于2016年。在西南单季稻区病叶率一般为6.5%~10%，病穗率一般为2.5%~5%，轻于2016年。在长江中下游单季稻区病穗率一般低于3.8%，安徽、江苏发生重于2016年；其中安徽稻瘟病发生面积比2016年增加25.5%，江苏稻瘟病病穗率在20%以上的重发面积有8 567 hm²，是2016年的7倍，分别占2014年、2015年的24%和30%。在东北稻区，前期受干旱气象条件影响稻瘟病发生偏晚偏轻，而在7月下旬至8月上旬水稻抽穗扬花期降水偏多，非常利于稻瘟病菌侵染、穗颈瘟发生，但由于各级政府部门高度重视、及时防控，有效避免了稻瘟病大面积流行，局部田块发生较重，田间发生重于2016年。其中黑龙江稻瘟病平均病穗率6.2%，最高病穗率95%，明显高于2016年、2015年的平均病穗率1.98%、3.8%，发病地块的严重度明显加重。各稻区发病品种多，发生程度差异大。如福建古田中稻一般病穗率为1%~13%，感病品种Y两优6号、泰丰优3301病穗率为30%~80%，个别田块病穗率达100%；永安县亚华1号、天优3301、天优2155、深两优5814号等品种病穗率为20%~30%，高的田块超过60%。

稻曲病总体偏轻发生，轻于2016年和常年，长江中下游稻区中等发生，安徽、江苏局部发生较为突出。如安徽稻曲病偏轻至中等发生，发生程度重于2016年，发生面积39.5万hm²，是2016年的2.2倍，平均病穗率为4.1%，重发区域为10.7%~17.3%，个别田块超过65%。江苏稻曲病中等发生，在丘陵、沿江、沿淮及淮北粗秆大穗型品种上偏重至大发生，发生程度明显重于2016年，为近年最重年份，发生面积45万hm²，是2016年的5倍，病穗率1%以上的重发面积7.2万hm²，其中病穗率10%以上的重发面积2 133 hm²，是2016年的11倍。分析其原因，主要是8月上、中旬安徽和江苏降水偏多，此时正值杂交稻品种及大面积粗秆大穗型粳稻品种颖花分化期，为稻曲病菌的侵染流行提供了有利条件。

2.3.3 水稻病毒病在华南局部稻区发生较重

南方水稻黑条矮缩病总体偏轻发生，其中华南稻区重于2016年，个别严重田块大发生，江南和长江中下游稻区明显轻于2016年。发生特点主要表现为中晚稻重于早稻、华南稻区为害突出。南方水稻黑条矮缩病在南方早稻上零星发生，在中晚稻上发生明显重于早稻，尤其在广西，发生程度与2010年相似。据调查，广西下半年普遍发病，发生面积9.3万hm²，是2016年的14倍，主要发生区域在桂南大部以及桂北局部，包括防城港市、钦州市、玉林市、崇左市、贵港市等，尤以沿海稻区发生最重，个别田块甚至绝收；发病地区病丛率一般为2.7%~10.0%，高的13.6%~25.0%，横县、钦北、田林、宜州、大化、宁明、融安等县（市、区）个别发生严重田块为61.0%~92.3%，达大发生程度。

2.3.4 水稻细菌性病害在华南沿海发生较重

水稻细菌性病害以细菌性条斑病和水稻白叶枯病为主。细菌性条斑病主要发生在华南沿海稻区，总体偏轻发生，局部偏重发生，晚稻重于早稻，重于2016年。据调查，早稻病叶率一般为1.5%~4%，高的15%~24%；晚稻病叶率一般为5%~15%，高的20%~50%，广东信宜、高州、佛冈，广西扶绥、横县、博白、罗城、忻城等地个别田块病叶率高达55%~100%，严重田块出现"起红"现象。水稻白叶枯病主要发生在华南沿海稻区，总体偏轻发生。其中海南北部文昌和南部陵水、三亚、乐东、五指山发生程度重于常年，田间发病率一般为15%~35%，高的达65%，局部地区感病品种（永丰优9802）发病率超过90%。广东晚稻上发生较重，据高州站调查，病叶率一般为10.8%~15.3%，高的35.3%~46.9%；阳西站调查，病叶率一般为3.2%~5.5%，高的35%~65%。

（执笔人：陆明红）

2017年全国小麦主要病虫害发生概况与分析

2017年小麦病虫害总体偏重发生，发生面积5 864.4万hm²次，比2016年减少3.93%。其中，病害发生2 944.44亿hm²次，比2016年减少6.8 1%，少于近5年平均值及2001年以来的平均值；虫害发生2 919.94亿hm²次，比2016年减少0.85%，是2001年以来发生面积最小的年份（图1-19）。其中，赤霉病在常发区中等流行，轻于2016年，是2008年以来发生面积最小的一年。条锈病大流行（5级），是2001年以来第二重发年份，发生面积与大流行的2002年基本持平。小麦蚜虫总体偏重发生，山东、河北局部地区穗期蚜量高。

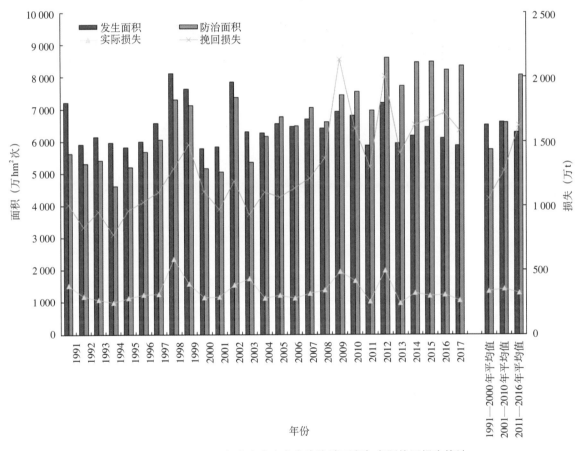

图1-19 1991—2017年小麦病虫害发生防治面积与实际挽回损失统计

1 小麦条锈病

小麦条锈病总体大流行（5级），发生面积543.52万hm²，比2016年增加2.45倍，是2001年以来第二重发年份，发生面积与大流行的2002年基本持平（图1-20）。其中，湖北江汉平原及黄淮南部大部麦区大流行，新疆伊犁河谷、四川沿江河流域及攀西地区等地偏重发生（4级），华北、黄淮北部以及西南、西北的其他麦区中等发生（3级）。

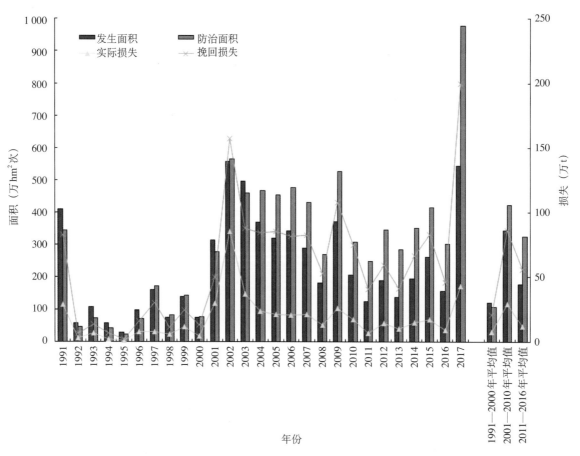

图1-20   1991—2017年小麦条锈病发生防治面积和实际挽回损失统计

1.1 冬繁区见病早、范围广、病情重

四川、贵州、云南和重庆等西南大部，湖北北部和江汉平原、河南南部、陕西南部和关中地区、甘肃南部等麦区是全国小麦条锈病重要的冬繁区。受2016年冬季气温偏高影响，河南南部和湖北西北部及江汉平原、陕西关中和南部等冬繁区小麦条锈病见病时间早于常年。河南省南阳市唐河县最早于2016年12月14日见病，为该省近30年来最早见病年份之一；湖北省十堰市郧西县2016年12月22日见病，比近10年最早见病的2007年还早66 d；陕西省宝鸡市陇县2016年11月2日见病，为近10年来较早见病年份。河南南部和湖北江汉平原的冬繁区发病时间早，增加了病菌繁殖代次、田间菌源量和病害传播扩散概率。截至2月底，河南、湖北、四川、云南、贵州、重庆、陕西、甘肃8省65市290县发病，见病面积为17万hm^2，同比增加2倍，是2010年以来发生面积最大、范围最广的一年。其中，为东部主产麦区直接提供菌源的湖北、河南两省共有16市45个县见病，发病面积为5.2万hm^2，发病县数和发病面积分别占全国的15.5%和30.6%，是2006年以来发生市、县数量最多、面积最大的一年。2月底，湖北、河南和陕西的部分地区已点片发生，局部地区发生较重，河南南部及湖北汉水流域麦区的大部早发地区病田率达10%以上，陕西安康市汉滨区平均病田率达43.6%；发病中心1～15m^2，河南潢川最大发病中心达50 m^2，发病中心平均严重度10%～80%，病情与常年春季流行期相当，病害在冬季提前进入扩散流行期。河南、湖北冬繁区小麦条锈病发生早、范围广、病情重，是2017年小麦条锈病流行的突出特点和造成黄淮海麦区大范围流行的重要原因之一。

1.2 春季北扩东移明显，扩散流行速度快

河南、湖北的主要冬繁区2016年12月中旬见病后，病害持续繁殖扩散，春季扩散速度明显加快。

3月下旬，条锈病跨过河南境内的沙河后，继续向北向东扩散。3月30日，四川、云南、贵州、重庆、陕西、甘肃、湖北、河南、安徽9省份72市384个县见病，发生面积63.8万hm²，同比增加1.9倍；4月中旬，江苏、山东、山西陆续见病，其中，安徽安庆、池州、铜陵、芜湖、宣城、合肥、六安、淮南、阜阳、亳州10市30个县点片发生，江苏省常州市金坛和溧阳见病，东扩速度为多年罕见。进入4月，河南、山东、山西、陕西、安徽、江苏、河北等黄淮海麦区见病县数和面积呈指数增长，平均每周增加50个县、60万hm²；4月20日，山东省菏泽市东明县见病，条锈病已越过黄河扩散至东部主产麦区；4月28日，条锈病北扩至河北省沧州泊头市、邯郸大名县，其中泊头市为近20年来首见。4月上旬至5月中旬，黄淮海麦区小麦条锈病进入快速扩展蔓延期，见病面积和县数呈指数增长，见病范围逐日扩大，如山东省4月27日、29日和5月2日、5日、9日见病县数分别达12个、17个、61个、72个和88个，见病面积相继突破13.3万hm²、33.3万hm²、66.7万hm²、133.3万hm²和200万hm²。

1.3 黄淮海麦区发生普遍，局部病情较重

据统计，2017年小麦条锈病在全国西南、西北、黄淮和华北等麦区18省（自治区、直辖市）160市866个县发生约543.52万hm²，发生县数比偏重发生的2009年增加246个；发生面积分别比近10年均值和2009年增加1.6倍和47.0%，略低于大发生年份2002年的558万hm²。其中，安徽、江苏、河南、陕西、山西、山东和河北等黄淮海麦区425个县发生411万hm²，占全国发生总县数和总面积的49.8%、75.6%。河南、陕西、山东中西部、山西南部以及河北、山东两省和河南接壤的所有市县均见发病，最北扩展至河北省廊坊市文安县，见病范围为近年最广。其中，山东省17市104县见病，陕西省8市69县见病，见病面积占小麦种植面积的比例均达50%以上，山东省发生范围和面积超过大发生的1990年。陕西南部、河南南部、湖北江汉平原局部地区病情较重，汉水流域平均病叶率超过50%，西南麦区大部平均病叶率超过30%，重发地区超过60%；山东济宁等市重发地区病叶率超过80%，河北发病晚、病情相对较轻，重发田块平均病叶率在10%左右；全国139个监测点小麦条锈病病叶率一般在5%～40%，平均为25.1%；发病严重度一般在15%～40%，平均为22.3%。

1.4 西北及西南麦区发生相对平稳

2016年秋季，甘肃、宁夏等西北麦区小麦秋苗发病面积为11.78万hm²，是2000年以来发病面积最小的一年。受春季干旱气候影响，西北大部麦区小麦条锈病扩散速度相对较慢，总体发生比较平稳。3月上旬，甘肃仅在陇南的文县、徽县2个县发生0.17万hm²，平均病叶率一般在0.05%左右；5月上旬，发病盛期各监测点平均病叶率多在5%以下，早发的文县、通渭县达23%和25.2%，平均严重度多在20%以下，文县、宁县达40%，至6月底小麦条锈病在陇南、天水、平凉等7市42县发生16.5万hm²。宁夏彭阳、西吉、中宁发生盛期平均病叶率在0.1%～4.8%，平均严重度在5%～11%，原州区病叶率在1.3%～97.2%，平均病叶率15.27%。新疆发生相对较重，拜城、额敏、阿克苏平均病叶率为25.8%～27%，平均严重度拜城、额敏为4.3%～12.5%，阿克苏为31.9%。青海东部麦区发生较轻，病叶率一般在0.01%～0.05%。常年少雨干旱的内蒙古西部，2017年6月7日在呼和浩特土默特左旗、巴彦淖尔临河区和五原县见春麦发病田块，病叶率一般低于5%。小麦条锈病在西南部分麦区偏重发生，主要发生在四川沿江河流域、攀西和川南地区，以及云南临沧、曲靖、昭通，贵州东南部和西北部，平均病叶率在11.6%～30.2%，重发田块病叶率达80%～100%，重于2016年。

2 小麦赤霉病

赤霉病在常发区中等流行，轻于2016年，发生面积330.99万hm²，比2016年减少52.0%，低于近5年平均值及2001年以来的平均值，是2008年以来发生面积最小的一年（图1-21）。其中，安徽淮河以南、四川西部和北部局部偏重发生，上海、四川等地中等发生，其他麦区偏轻至轻发生。

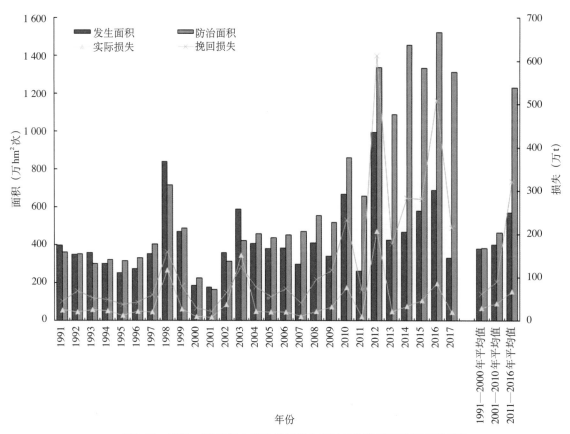

图1-21　1991—2017年小麦赤霉病发生防治面积和实际挽回损失统计

2.1 常发区稻桩和玉米秸秆带菌率高

长江中下游、江淮、黄淮赤霉病常发区稻麦、玉麦连年连作，秸秆还田面积比例在90%以上，稻桩及玉米秸秆带菌率高，大部分麦区接近或高于2016年。3月底各地调查，湖北、浙江、安徽、江苏、上海稻桩枝带菌率分别为7.3%、5.8%、3.4%、1.7%和1.3%，河南平桥稻桩丛带菌率、平舆玉米秸秆带菌率分别为32.5%、17.9%。江汉平原、江淮及其以南麦区病菌子囊壳成熟度指数一般在25～60，沿江麦区超过60，沿淮及淮北地区在10～20，病菌发育正常，孢子释放时间与小麦易感病期吻合度高。

2.2 总体发生程度轻于2016年和近年

长江中下游、江淮、黄淮海麦区小麦赤霉病普遍轻于2016年和近年，是2008年以来发生面积最小的一年。江苏5月下旬定局后调查，苏南、沿江地区系统观察田病穗率10%～20%，沿海部分地区自然病穗率超过30%，低于2016年同期的40%～50%；大田5月下旬定局后调查，全省平均病穗率0.8%，明显低于2016年的4%。安徽全省加权平均病穗率为2.2%、病情指数1.0、病粒率0.3%，多数病穗严重度为1级，轻于2016年。黄淮、华北、西北等麦区病情也普遍轻于2016年。

2.3 区域间发生不平衡，重发区集中在江汉平原和沿江江南麦区

赤霉病发生表现出明显的区域性。其中，江汉平原和安徽沿江江南麦区偏重流行。江汉平原、鄂东发生重于鄂北主产区，一般病穗率5%～40%，潜江最高病穗率达94.7%，加权平均值19.3%，病穗上病粒率4.8%。安徽江南病穗率加权平均值12.1%；未防治的重发田块达80%～95%。江苏苏南、沿江地区系统观察田病穗率10%～20%，沿海部分地区自然病穗率超过30%。西南麦区中等发生。四川总体中等发生，川西、川北局部偏重发生，蜡熟期调查，平均病穗率、病情指数分别为7.23%、

6.51，高于2016年同期的6.19%、1.96。黄淮及华北南部、西北大部分麦区偏轻发生。河南全省平均病穗率0.5%、最高60%，南阳、信阳、驻马店平均病穗率分别为3.82%、2.5%、2.4%，其他大部分麦区平均病穗率在0.5%以下。山西南部麦区一般田块病穗率2.8%，最高20%。陕西全省平均病穗率1.5%，高于2016年的0.9%，其中汉中、安康平均病穗率分别为5.8%、2.2%，是近10年以来发病程度最重、发生最普遍的一年。

3 小麦白粉病

白粉病总体中等发生，发生面积608.44万hm²，比2016年减少22.35%，少于近5年平均值和2001年以来的平均值，是2001年以来第五轻的年份（图1-22）。其中，江苏沿淮河、里下河及淮北局部大发生（5级），上海、江苏的其他麦区偏重发生（4级），黄淮、华北、西北、西南的大部中等发生（3级），其他麦区偏轻或轻发生。

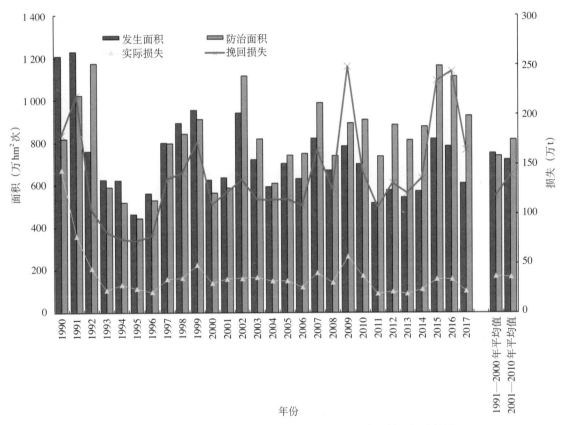

图1-22 1991—2017年小麦白粉病发生防治面积和实际挽回损失统计

3.1 秋苗发病比较普遍，病情重于常年、轻于2015年同期

甘肃一般病叶率为5%～20%，高于常年；陕西平均病叶率为1.0%，同比减少30%；山西平均病叶率为1.8%，同比减少35.7%，比常年同期偏高80%；宁夏南部、河南西部、河北南部等地零星见病。

3.2 黄淮和华北南部麦区春季发生早，前期病情轻、后期扩展快、局部发生重

受早春3月下旬降水偏多影响，江淮、黄淮大部分麦区见病偏早。江苏大丰3月7日见病，较常

年偏早30d左右，3月底大部分地区普遍发生，平均病株率0.3%，低于2016年同期的1.6%；4月下旬全省平均病株率6.1%，低于2016年同期的17.9%，5月下旬调查平均病株率达20%～30%。山西5月中旬进入高峰期，一般田块病叶率10%～25%，芮城最高达100%。山东鲁中、鲁西南、鲁南、鲁西北相对较重，病叶率一般在10%～30%，严重地块在80%以上。河南高峰期平均病田率24%、最高100%，平均病叶率4.6%、最高100%，主要发生在豫北、豫东等地，濮阳、开封、焦作、商丘等地平均病叶率分别为15.3%、11.5%、11.4%、8.2%。

3.3 西南和长江中游大部分麦区发生平稳

四川、云南、贵州等地早春扩散慢，局部发生较重，后期发生普遍，主要发生在川南、川东北、川北和西南山区，贵州西南部、西部，云南中部、西南部和东北部等地。据四川夹江、剑阁、梓潼等监测点2月上旬调查，平均病田率、病叶率分别为4.02%、3.01%，比2016年同期增加1.81%和2.17%，平均病情指数0.58，与2016年同期相当；3月下旬，据安州区、巴州区、通江等监测点抽穗扬花期调查，平均病田率、平均病叶率及发病面积比分别为23.82%、11.12%和17.13%，比2016年同期增加6.56%、6.07%和6.19%，平均病情指数4.84，比2016年同期增加2.52，发病情况重于2016年和常年同期；个别田块全田发病，穗期上芒。湖北3月25日至4月20日各监测点观测区调查，一般病叶率0.1%（孝感）至8.2%（宜城）、加权平均2.8%，病情指数0.04（南漳）至5.7（郧县），江汉平原麦区发病面积占比约12.5%、鄂西北麦区发病占比约21.7%。安徽一般病叶率0.1%～6.9%，高的田块达60%。

3.4 西北大部分麦区发生重于2016年

甘肃、宁夏、新疆等西北麦区小麦白粉病总体为中等发生，重于2016年。宁夏青铜峡市6月5日调查病株率15.3%、病叶率4.8%，中宁县平均病叶率28.5%，西吉县平均病叶率21%，沙坡头区病株率83.4%、病叶率47.8%；灌区重于山区，局部地区高密度田块偏重发生。甘肃主要发生区域为陇南、天水、平凉、庆阳、定西等5市，川水地、阴湿山区和全膜小麦田普遍发生。新疆主要发生在伊犁哈萨克自治州、昌吉回族自治州、塔城、喀什、阿克苏等地，其中塔城乌沙区域偏重发生，盆地一般田块病株率在8%～12%、最高30%，乌沙区域一般田块病株率在20%～40%，危害较重麦田发病株率达100%；昌吉回族自治州东部偏重发生，重发生田块平均病叶率63%，最高病叶率100%。

4 小麦纹枯病

纹枯病总体中等发生，发生面积855.48万hm²，比2016年减少0.45%，低于近5年的平均值和2001年以来的平均值（图1-23）。其中，湖北大发生（5级），河南、安徽偏重发生（4级），江苏、河北、山东中等发生（3级），华北及西南大部分麦区偏轻或轻发生（1～2级）。

4.1 前期病情发展缓慢，早春发生面积较小

2月底至3月初，小麦纹枯病在华北、黄淮等麦区发生122万hm²，同比减少50.6%，一般病株率在0.5%～5%，山东南部、安徽淮北等地发生相对较重，病株率达10%以上。湖北病田平均病株率0.1%、最高10%（南漳县）；安徽沿淮及淮北主产麦区病株率一般为0.8%～4.1%，淮河以南稻茬麦区病株率多在1%以下，淮北东北部萧县、埇桥区平均病株率分别为10.7%、14.4%；山东各地病田率一般在5%～40%，最高达60%，全省平均病株率3.8%，低于常年和2016年同期，其中菏泽平均病株率9.2%、聊城8.9%。河北各地病株率一般在1%～3%，平均病株率1.2%，正定县最高达42%，明显轻于2016年；重庆平均病株率1.95%，较2016年同期减少0.9%，綦江局部田块最高病株率20.1%。

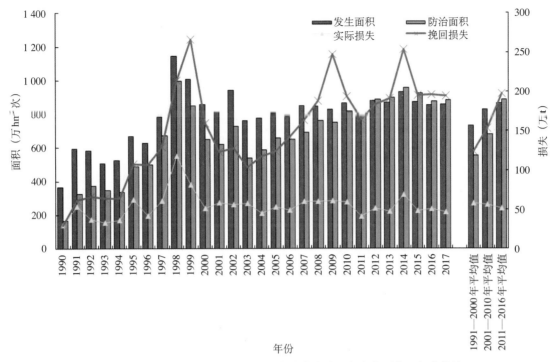

图1-23　1990—2017年小麦纹枯病发生防治面积和实际挽回损失统计

4.2　东部麦区发生普遍，局部为害重

4月中、下旬至5月上旬，东部广大麦区小麦纹枯病进入快速扩展期，局部发生较重。江苏4月中旬进入垂直扩展（侵入茎秆）高峰期，大部分地区病穗率在15%～30%；5月上旬全省大部分地区均可查见枯白穗，睢宁5月上旬调查，病株率超过70%。安徽沿淮及其以南稻茬麦区偏重发生，淮北小麦主产区纹枯病病株率一般为9.9%～18.3%，沿淮及其以南稻茬麦区发生数量偏高，一般为29.9%～52.4%。山东4月中旬阴雨天增多，病原菌侵染加速，鲁西南、鲁南和半岛地区相对较重；济南、青岛、淄博、临沂、烟台、东营等地调查，一般病株率在8%～30%，济南、临沂等局部地区旱茬麦田平均病株率达40%～60%，最高100%。河南全省平均病田率72%、最高100%，平均病株率30.7%、最高100%；南阳、驻马店、许昌、漯河、周口、开封、濮阳、新乡等地发生较重，平均病株率在26%～45%，新蔡县平均病株率最高82.1%。湖北江汉平原、鄂东沿江、鄂西北河谷麦田发生重，全省加权平均病株率57.1%、侵茎率36.5%、病情指数21.3。

5　蚜虫

小麦蚜虫总体偏重发生，重于2016年，发生面积1 526.83万hm²，比2016年增加3.02%，但比近5年平均值及2001年以来的平均值分别减少9.7%、3.5%。其中，河北、宁夏大发生（5级），山东、河南、安徽、陕西、云南等地偏重发生（4级），长江中下游、华北、黄淮其他麦区、西南、西北的其他麦区中等及偏轻发生（3级或2级）。

5.1　冬前基数普遍偏低

各地冬前调查，大部分麦区蚜虫虫量低于常年和2015年。江淮、黄淮、华北和西北麦区普遍发生，发生面积113.9万hm²，比2015年增加13%；山西、陕西、山东、安徽、河北、河南、宁夏、北京平均百株蚜量分别为5.5头、4.9头、3.8头、2.8头、2.2头、2.1头、1.9头、0.9头，低于近5年同期平均蚜量；与2015年同期相比，河北、宁夏分别增加1头、0.8头，其他大部分麦区减少0.9～13.4头。

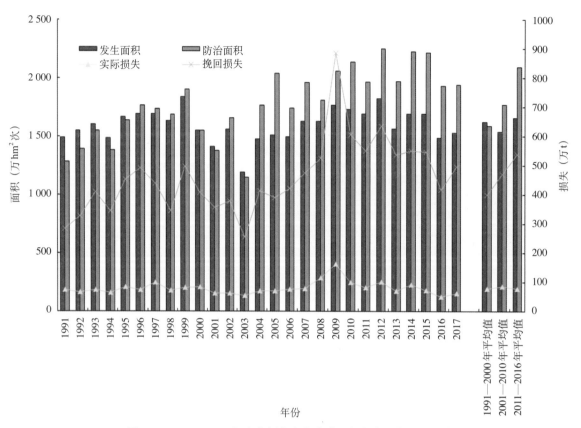

图1-24　1991—2017年小麦蚜虫发生防治面积和实际挽回损失统计

5.2　早春始见期偏早、蚜量上升较快

受冬春气温偏高影响，河北、山东、北京等地麦蚜始见期明显提前，河北正定、定州，山东德州调查，分别于2月28日、3月21日和2月中旬始见，比历年早20～40d。早春蚜量上升较快，种群密度高于2016年和常年同期，局部蚜量较高。3月15日各地发生面积103.2万hm²，同比增加16.6%，西南麦区一般百株蚜量83.5～255头，云南文山壮族苗族自治州马关县、贵州黔西南布依族苗族自治州兴仁县、重庆綦江区局部田块最高蚜量分别达百株86 000头、2 800头、780头。湖北平均百株蚜量434头，黄冈市黄州区最高蚜量达百株3 700头。江淮和黄淮麦区一般百株蚜量在50头以下，局部地区蚜量较高，如江苏徐州最高蚜量达1 500头，安徽沿江枞阳、无为、东至等地最高百株蚜量一般为300～500头，山东枣庄最高为200头。

5.3　穗期蚜量上升快，局部蚜量高，重于2016年

5.3.1　西南麦区总体中等发生

四川平均有蚜株率53.23%，平均百株蚜量1 590头，最高达4 747头，分别比2016年多83.49头、845.47头。云南3月10日调查，江川区有蚜田率100%、蚜株率40.75%、百株蚜量1 079头，易门县有蚜田率58.60%、蚜株率30.45%、百株蚜量1 782头，文山壮族苗族自治州有蚜田率23.7%、蚜株率34.9%、百株蚜量1 616头，丘北县最高百株蚜量达27 500头。贵州一般百株蚜量为677头，最高百株蚜量达1 533头。

5.3.2　黄淮海麦区偏重以上发生

常年重发的山东、河北偏重以上发生，其中山东总体偏重发生，重于2016年，一般百株蚜量在800～2 000头，菏泽等地发生严重地块百株蚜量3 000～5 000头。河北大发生，5月中旬全省平均百株蚜量400头，南宫县最高密度达10 000头。河南3月上旬全省平均百株蚜量2.8头，比2016年减

少2.7头，最高96头；4月上旬全省平均百株蚜量61.6头，最高11 000头；5月中旬全省平均百株蚜量253.6头，最高60 000头；5月中、下旬，穗蚜发生高峰期，驻马店、信阳、洛阳、开封、三门峡、周口、汝州的蚜量偏大，平均百穗蚜量达2 650头、1 009头、982头、872.3头、631头、610.2头、1 290头。山西为害高峰期调查，一般百株蚜量793～3 520头，万荣严重的田块最高达到40 000头，高于2016年同期。

5.3.3 长江中下游麦区大部偏重发生

长江中下游麦区的安徽、江苏、湖北、上海等地中等至偏重发生，重于2016年。其中，安徽沿淮、淮北主产麦区偏重发生，3月下旬沿淮、淮北主产麦区百株蚜量多在50头以下，发生数量偏低；4月中旬蚜量上升速度快，沿淮、淮北的五河、颍州、灵璧、涡阳、蒙城、临泉等地平均百株蚜量在110～267头，固镇、萧县、砀山、太和等地为327～722头，蚜量上升较快；4月下旬蚜量达到高峰，沿淮、淮北的霍邱、淮上、凤台、凤阳、颍东、泗县、砀山、萧县、太和、固镇、五河等地平均百株蚜量为300～460头，高的田块蚜量达3 000～10 000头。江苏4月上旬调查，田间百株蚜量50～200头，沿江、淮北局部田块百株蚜量超过5 000头；5月下旬为害定局后调查，全省蚜株率4.5%，加权平均百穗蚜量21.4头，略高于2016年同期的15.3头；系统调查最终蚜株率38.3%，百株蚜量489.8头。湖北中等发生，主要发生在江汉北部、鄂西北襄阳、十堰麦区；3月下旬为发生始盛期，一般有蚜株率为2.1%（南漳）至21.2%（郧西），加权平均为8.9%；一般百株蚜量为33头（枣阳）至560头（郧西），加权平均为165.5头；发生盛期为4月10日至5月10日，各地盛期持续时间约为20d，一般有蚜株率为5%（钟祥）至60%（宜城）、加权平均为19.1%，一般百株蚜量为100头（钟祥）至1 550头（郧西）、最高蚜量50 000头（宜城），加权平均542头。

5.3.4 西北麦区总体偏重，宁夏局部大发生

宁夏穗蚜为历年来最重，蚜量高峰期较历年提前20 d左右，青铜峡、利通、中宁、海原、原州等地5月10日调查百株蚜量分别为350～700头，为历年同期蚜量最高。5月中旬，吴中市利通区、固原市彭阳县个别田块百株蚜量3 108头、1 900头，发生面积之大、蚜量之高、繁殖速度之快属历年罕见，旱田蚜量多于稻旱轮作田。陕西4月上旬前蚜量上升缓慢，4月中、下旬进入为害盛期，全省平均蚜株率64.0%、平均百株蚜量885.2头，高于去2016年的46.4%、341头；其中宝鸡市虫田率82%、平均蚜株率65%，平均百株蚜量2 500头，扶风县发生最重，平均蚜株率94%，平均百株蚜量12 000头，最重田块30 000头以上；眉县、岐山、凤翔、陈仓及渭南市临渭、合阳、蒲城等地发生亦较重，百株蚜量2 000～5 000头，蒲城严重地块达23 000头。

6 麦蜘蛛

麦蜘蛛总体中等发生，发生面积584.90万hm²，比2016年增加0.12%，低于近5年平均值和2001年以来的平均值（图1-25）。其中，河南、湖北中等发生（3级），黄淮的其他麦区、江淮、西南、长江中下游、华北、西北大部分麦区偏轻或轻发生（1～2级）。

6.1 江汉江淮麦区虫口密度普遍偏低

湖北各地调查，秋苗高峰期一般螨株率为1.1%（郧西）至45%（宜城）、加权平均10.9%，每33cm单行（百株）虫量为5.3头（枣阳）至450头（宜城），加权平均97.7头；春季发生盛期一般螨株率为2.4%（天门）至45%（南漳），加权平均24.8%，每33cm单行（百株）虫量为10头（当阳）至1 100头（宜城），加权平均270.2。安徽沿淮和淮北秋苗零星发生，平均每33cm行长螨量为1～41头，数量较近年同期偏低40%左右；春季3月下旬发生高峰期大部分平均每33cm行长（百株）螨量在50头以下，但沿淮、淮北旱茬麦区的凤阳、明光、五河、临泉、太和、颍泉等地平均每33cm行长（百株）螨量为58.0～105.0头，重发田块达400～1 600头。

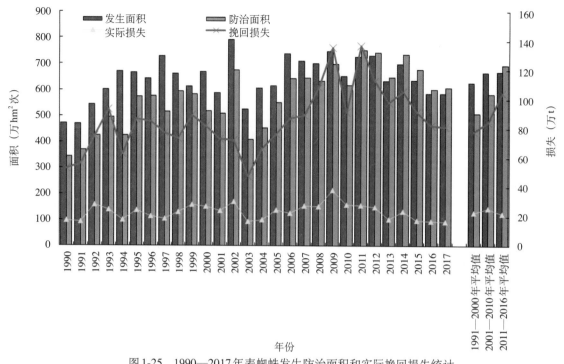

图1-25 1990—2017年麦蜘蛛发生防治面积和实际挽回损失统计

6.2 黄淮海麦区前期虫量上升慢，整体发生轻于2016年

前期气温起伏较大，麦蜘蛛密度上升缓慢，一直处于低水平发展状态，进入4月虫量上升明显。山东4月上旬调查，全省平均每33cm单行98.9头，高于2016年同期，最高每33cm单行2 000头；4月中旬进入盛发期，虫田率60%～100%，青岛、菏泽平均每33cm单行263～1 000头，泰安有虫地块每33cm单行68头，最高为每33cm头单行400，临沂漏防田块每33cm单行有虫1 000～2 000头。河南早春发生基数低，3月上旬全省平均每33cm单行虫量20.5头，比2016年同期减少6.6头，最高1 500头；4月上旬全省平均虫田率58%、最高100%，平均每33cm单行有虫119.2头，最高8 000头，漯河、许昌、驻马店、洛阳、信阳、焦作、开封等地麦蜘蛛密度较高，33cm单行密度在170～516头。陕西关中大部3月上旬前零星发生，3月下旬开始普遍发生，盛期4月上、中旬全省平均每33cm行长螨量148.6头，高于2016年同期的101.4头，其中临渭区发生较重，螨田率100%，平均每33cm行长螨量1 650头、最高2 500头，明显高于2016年。

7 小麦吸浆虫

小麦吸浆虫总体偏轻发生，轻于2016年，发生面积109.70万hm²，比2016年减少16.04%，明显低于近5年平均值和2001年以来的平均值（图1-26）。其中，河北中等发生（3级），陕西、山西、天津、安徽偏轻发生（2级），黄淮海和西北的其他麦区轻发生（1级）。

7.1 发生基数偏低，高密度区域明显减少

秋季淘土调查平均每样方*虫量，河北、陕西、山西分别为1.9头、1.6头、1.2头，北京、河南、宁夏分别为0.7头、0.7头、0.4头，与常年和2015年同期相比，大部分麦区减少15%～65%。但部分地区局部田块虫口密度较高，河北定州，天津宝坻，陕西华州、长安，河南清丰、浚县、淅川、封丘，北京大兴每样方虫量最高分别为145头、48头、42头、37头、21头、19头、19头、11头、10头。

---

* 一取样器取的土（100cm²×20cm）为一个样方。——编者注

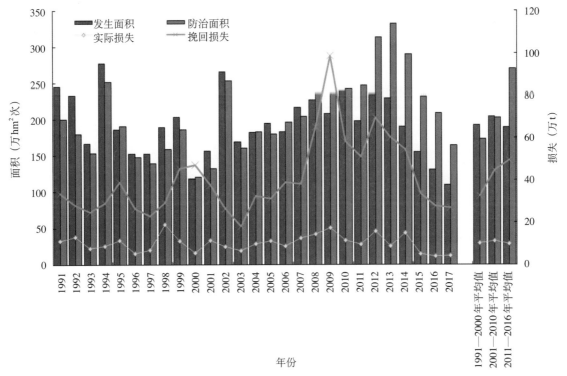

图1-26　1991—2017年小麦吸浆虫发生防治面积和实际挽回损失统计

　　春季淘土调查平均每样方虫量，天津、甘肃、河北分别为6头、4头和2头，陕西、山西分别为1.6头和1.3头，北京、山东、安徽、河南为0.5～0.8头，除河南同比减少34.9%外，其他地区比2016年增加15%以上，天津、山西同比分别增加2.6倍和44.4%。山东滨城和庆云、河北正定和巨鹿、河南偃师和滑县个别田块最高虫量分别为每样方200头、168头、135头、75头、46头、22头。

7.2　各地发育进度不整齐，发生盛期接近近年

　　河北正定调查小麦吸浆虫发育历期比常年偏早3d左右，接近2015年和2016年，4月5日，圆茧、活动幼虫分别占总虫量的13%、87%；4月10日，圆茧、活动幼虫、裸蛹、长茧分别占总虫量的2.7%、30.2%、8.2%和58.9%，化蛹（前蛹）率35.7%；4月14日，裸蛹、长茧分别占2.2%、97.8%，化蛹率100%，其中前蛹占6.8%，初蛹占93.2%；4月24日田间调查已见成虫。陕西春季幼虫化蛹进度慢于2016年同期，蒲城县4月12～13日调查，活动幼虫比例为72.73%，化蛹（前蛹）率27.27%，发育进度较2016年同期（化蛹率100%）偏慢；咸阳市秦都、渭城、兴平等地调查，4月5日、14日分别始见前蛹、中蛹，较2016年偏迟2d。陕西大部成虫盛期在4月22～30日，与2016年相当，西安市长安区系统田4月23日始见成虫，较2016年晚1d，高峰期在4月26～28日；咸阳市武功县系统田4月18日始见成虫，较2016年晚1d，盛期4月21～28日，与2016年相当。

7.3　成虫虫口密度低、为害轻

　　江淮、黄淮和华北等主发区大部虫量偏低，发生盛期百穗虫量在1.6～200头，被害穗率在1%～5.4%，重发田块百穗虫量在100～200头，山东淄博、陕西眉县最高虫量分别为200头和274头。其中，北京被害穗率为1%，平均百穗残虫1.6头，最高17头。山东发生区继续向沿海地区蔓延，北移东扩明显，淄博市一般虫穗率30%，百穗有虫200头，最高单粒有虫3头。河南大部分麦田吸浆虫成虫盛期与小麦抽穗扬花期吻合程度不高，吸浆虫量小且滞后，但晚播麦田明显较重。陕西全省平均有

虫穗率5.4%、平均被害粒率0.5%、平均百穗虫量9.5头，高于2016年的3.9%、0.3%、7.5头；眉县发生略重，5月18～19日剥穗调查，平均被害穗率20.8%、平均被害粒率1.27%、平均百穗虫量74.2头，损失率0.47%，明显重于2016年，最重田块百穗虫量274头。安徽4月下旬调查，大部分地区10复网成虫量一般为0.5～8.0头，发生数量偏低。

8 其他病虫害

8.1 小麦叶锈病

小麦叶锈病在黄淮、华北、江淮、西南和西北麦区发生218.60万hm²，略低于2016年。其中，山东轻于2016年，重于常年，发生盛期调查，淄博、东营、烟台、威海、德州、菏泽等地平均病叶率在5%～15%，德州、烟台、菏泽等地局部达50%以上；商河2016年11月18～25日越冬调查时首次在冬前发现该病，病田率30%、发病田病株率3%、病叶率5.1%、最高病株率57%、病叶率14.3 %。河南5月中旬全省平均病田率35%、最高100%，平均病叶率7.4%、最高100%，重发区域主要集中在许昌、驻马店、南阳、漯河、周口、开封等地。陕西偏轻发生，渭北局部偏重发生，全省平均病叶率4.57%，平均病情指数1.67，低于2016年同期的4.7%、2.56；其中合阳县大发生，病田率100%、平均病株率67.9%、平均病叶率57.8%，明显高于2016年的25%、10.7%、7.3%，为近10年发生最重的一年；铜川市印台区平均病叶率为25.5%，轻于2016年的34%。山西平均病叶率21.5%，最高52.5%。贵州一般病叶率8.5%，高的达68%。

8.2 地下害虫

蛴螬、金针虫、蝼蛄等地下害虫在华北、黄淮、西北等麦区偏轻发生，发生面积428.42万hm²，轻于2016年，同比减少3.41%。大部分麦区越冬虫口密度低于2015年。平均每平方米虫量，山西、陕西、河南、河北、北京分别为5.5头、3.8头、2.6头、2.5头和0.7头，与2015年同期相比，陕西、河南、北京分别减少7.3%、7.1%和53.3%，山西、河北分别增加27.9%、47.1%。秋苗被害株率，黄淮、华北和西北大部分麦区为0.2%～1.5%，与2015年同期相比，山西、山东、河北、北京分别增加115%、75%、46.4%和15.4%，其他地区偏低。河北地下害虫蝼蛄平均0.21头/m²、蛴螬平均0.91头/m²、金针虫平均0.77头/m²，密度均高于2016年的0.12头/m²、0.3头/m²、0.26头/m²，永年等个别地区出现密度较高的地块，金针虫在部分未拌种地块发生较重，为害株率可达3%～10%，造成小麦缺苗断垄。山东主要是金针虫为害，聊城3月26日调查，部分地块金针虫为害相对严重，平均1.5头/m²，最高6头/m²。河南金针虫有上升的趋势，高峰期全省平均虫株率为0.3%～0.5%，主要发生在商丘、周口、驻马店、南阳、洛阳、滑县等地。陕西各地秋苗期调查，平均被害株率大部分在2%以下，铜川、宝鸡及西安局部略重，铜川平均被害株率5%、严重田块10%，宝鸡市眉县、千阳县平均被害株率分别为3.15%和5.6%、最高达30%，西安市长安区个别麦田被害株率达30%左右。

8.3 其他病虫害

黑穗病、病毒病、全蚀病、根腐病、叶枯病、胞囊线虫病、雪腐病在华北、黄淮和西北部分麦区有一定程度发生。一代黏虫在江淮、黄淮麦区，麦叶蜂在黄淮、华北麦区，土蝗在华北、西北麦区，灰飞虱在江淮、黄淮稻麦轮作区，麦叶蜂、麦茎蜂在华北、西北部分麦区均有一定程度发生；白眉野草螟在山东的发生轻于2016年。

（执笔人：黄冲）

2017年全国玉米主要病虫害发生概况与分析

2017年玉米病虫害总体中等发生，轻于2016年和2015年，以玉米螟、黏虫、蚜虫、蓟马、叶螨、棉铃虫、地下害虫和大斑病、小斑病、褐斑病、南方锈病为主，发生面积6 616万hm²次，虫害发生5 033万hm²次，病害发生1 583万hm²次，同比分别减少6.1%、3.8%和12.9%。1991—2017年玉米病虫害发生防治面积和实际挽回损失见图1-27。

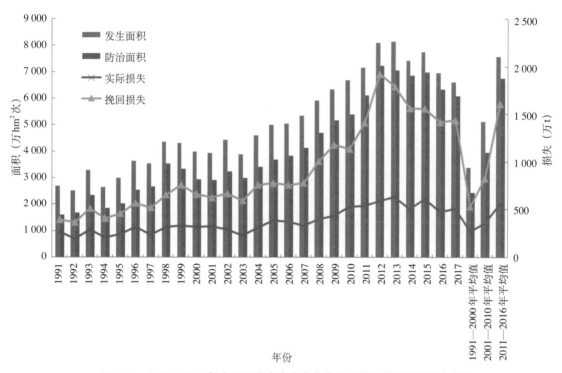

图1-27　1991—2017年全国玉米病虫害发生防治面积和实际挽回损失统计

1　玉米虫害

1.1　玉米螟

玉米螟在新疆、黑龙江、辽宁西部、吉林中西部、内蒙古东部偏重发生，东北其他地区、华北、黄淮、西南等大部分地区偏轻至中等发生，全国发生2 102万hm²次。

1.1.1　一代玉米螟为害程度较轻

大部分地区玉米螟平均百株活虫数，比常年和2016年偏低，延续了近几年玉米螟基数逐年下降的趋势，北京轻发生，平均被害株率为2.9%，比历年平均值偏低79.7%。河北总体偏轻，其中在北部和西部山区春玉米中中等发生，6月5日左右始见被害株，始见期略晚于2016年。发生程度略轻于2016年，地区间、地块间差异大。全省平均被害株率1.5%，最高67%。平均百株虫量3.7头，最高70头。江苏偏轻发生，沿海、淮北局部中等偏重发生，6月下旬普查春玉米田平均花叶株率2.4%，百株残虫量13.19头，较2016年减少27.1%。安徽6月底一代玉米螟在肥东、太和、泗县等地春玉米上被害株率一般为7.8%～12%；淮北主产区夏玉米平均被害株率1.2%。山东偏轻发生，主要在春玉米上为害。全省平均百株有虫6.22头，最高35头，高于2016年；平均被害株率4.7%，较2016年同期增加1.2%，最高被害株率65%。河南偏轻发生，在春玉米上虫量较低，7月8日调查，百株有虫2.8头，高于2016年同期的1.1头。四川平均百株活虫数6.7头，比2016年和常年低30.9%、44.6%。川东北局部田块田间虫量高，平均百株活虫数达73头。新疆中等发生，伊宁县一代平均危害率50%，最高75%，平均每百株幼虫15头，最高30头。辽宁丹东凤城、朝阳等地出现严重发生地块，凤城地区玉米被害株率15%～20%，个别田块被害株率达到50%～70%。百株虫量15～18头，个别田块为40～50头。

1.1.2 三代玉米螟局部发生为害重

河北偏重发生，发生程度重于2016年，三代幼虫虫量高于2016年。9月上、中旬穗期调查，全省平均每百株有虫15.62头，高于2016年每百株11.6头的虫量。地区间、地块间差异大，其中临西县调查平均每百株有虫58头，最高达每百株89头，香河县调查平均每百株有虫13.1头，最高每百株有虫76.5头。河南中等发生，驻马店偏重发生，漯河、南阳、平顶山、三门峡等地局部偏重发生，为害盛期在9月上、中旬，9月上旬调查全省平均百株有虫16.5头，驻马店发生盛期调查，被害株率90%，最高100%，百株虫量65.5头，最高287头。湖南中等发生，龙山8月24日调查，夏玉米平均受害株率52%，其中蛀茎率35%，果穗受害7%，雄穗受害率10%，百株幼虫22头。山西中等发生，运城盐湖、芮城等地部分田块偏重发生，主要发生在南部、东南部夏玉米田，为害高峰期在8月下旬至9月上、中旬，平均百株有虫30～40头，最高60头；平均被害株率15%～20%，最高70%，低于2016年。

1.1.3 三代玉米螟与棉铃虫、桃蛀螟混合发生

近年黄淮海地区桃蛀螟危害程度上升明显，同时棉花面积骤减，导致棉铃虫为害玉米情况也呈增长趋势，各地优势种类占比不同。如河北永年县、临西县、辛集市、黄骅市、安新县等穗期害虫以棉铃虫为主，永年县棉铃虫、玉米螟、桃蛀螟平均百株虫量分别为44.2头、3.8头、18.3头，桃蛀螟量高于玉米螟量。临西县棉铃虫、玉米螟、桃蛀螟平均百株虫量分别为75头、58头、32头，穗期虫量均较高，以棉铃虫占比最高。馆陶、曲周、博野等县穗期害虫以玉米螟为主，馆陶县棉铃虫、玉米螟、桃蛀螟平均百株虫量分别为27.8头、48.8头、25.6头，以玉米螟占比最高。博野县棉铃虫、玉米螟、桃蛀螟平均百株虫量分别为4头、34.7头、7.7头，以玉米螟量最高，且桃蛀螟虫量高于棉铃虫量。

1.2 二点委夜蛾

二点委夜蛾在河北中等发生，局部田块偏重发生，黄淮海其他地区偏轻发生，全国发生面积60万hm²。

1.2.1 二代幼虫总体轻发生

北京轻发生，大部分地区田间未查到幼虫。江苏轻发生，全省发生2.3万hm²，主要发生在淮北，田间为害轻，淮北6月下旬至7月上旬大面积系统调查和大面积普查均未发现幼虫及其危害，仅在丰县、睢宁县、响水县、灌南县等地田间零星查见幼虫及其危害。安徽轻发生，发生面积0.9万hm²，较2016年减少46.2%。在淮北地区轻发生，平均被害株率为0.02%，平均每平方米幼虫量为0.01头。萧县局部地区被害株率和每平方米幼虫量分别为6.7%、5头。山东发生轻于2016年，发生面积11.6万hm²，发生地块平均密度为0.1～3头/株，严重的可达1～5头/株。

1.2.2 局部田间湿度大、生境好的地块虫量高

天津偏轻发生，局部重发，由于成虫量持续累计，田间环境适宜，二点委夜蛾发生程度加重，发生面积上升到1.8万hm²。盛发期7月初调查，宝坻区、宁河区、静海区监测到高密度发生区域，一般地块被害株率3%～6%，严重地块被害株率20%～30%，一般百株有虫100～150头，单株虫量最高12头。河北总体中等发生，局部偏重发生，全省发生面积50.5万hm²，发生程度重于2015年和2016年，轻于重发年份2014年和2011年。二代幼虫发生程度区域间、地块间差异较大，田间麦茬较高、秸秆麦糠残留量大、玉米播种前及播种时未采取任何生态调控预防措施的田块发生较重，出现复种补种

地块，复种补种面积0.02万hm²。较轻发生地块一般百株虫量1～3头，较重地块百株虫量8～15头，重发地块百株虫量高达38～52头，最高虫量达5～11头/株。轻发地块被害株率0.1%～4%，重发地块为6%～12%，其中安新县玉米苗最高受害率达35%、永年县达26.9%、南皮县达24%。河南总体轻发生，但濮阳市中等发生，发生程度重于常年。濮阳市台前县部分田块发生程度较重，发病较重的地块虫口密度达每百株132头。

1.2.3 幼虫发生范围进一步北扩

2017年在河北省北部唐山地区始见二点委夜蛾幼虫为害。唐山市丰润区、丰南区、汉沽县、玉田县发现二点委夜蛾幼虫为害，全市发生面积0.42万hm²。玉田县7月10日左右普查，石臼窝镇齐庄子、高庄子、大安子和杨家板桥镇的顾家铺等村局部麦茬高、麦秸和麦糠残留覆盖物多的夏玉米地块首次发现二点委夜蛾为害，一般百株虫量3～24头，最高单株虫量5～7头，被害株率在1%～5%。

1.3 黏虫

二代黏虫总体中等发生，幼虫见虫面积229.7万hm²，比2016年高39.7%，比2015年低19.0%。内蒙古、河南、山东、陕西、云南等地局部地区出现高密度田块，重于2013—2016年同期（图1-28），各地最高百株虫量120～900头。三代黏虫发生面积为106.8万hm²，黑龙江南部、吉林中西部、内蒙古东部和西部、山西南部、陕西北部、宁夏中东部，以及山东威海和天津静海等地局部出现二代黏虫高密度集中为害田块。

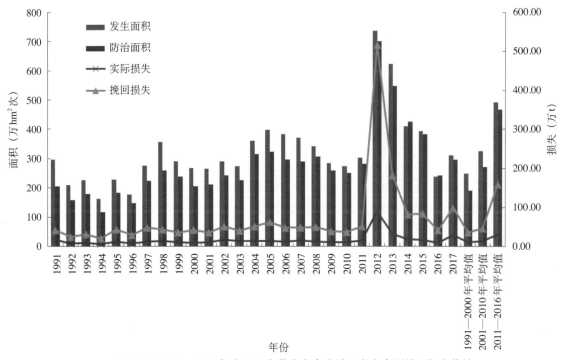

图1-28　1991—2017年全国玉米黏虫发生防治面积和实际挽回损失统计

1.3.1 二代幼虫发生面积大、范围广，局部密度高

2017年全国二代幼虫见虫面积229.7万hm²，比2016年高39.7%，比2015年低19.0%。发生范围涉及黄淮、东北、华北、西北、西南等地的14个省份，内蒙古、河南、山东、陕西、云南等地局部地区出现高密度田块，重于2013—2016年同期。其中，内蒙古主要发生在赤峰市和兴安盟，兴安盟科右中旗重发区玉米田局部地块危害率50%～80%，一般百株虫量20～30头，高的达60～80头；赤峰市宁城县局部麦田平均密度35～40头/m²，高的70头/m²，玉米田平均百株虫量10～20头、高的100

头。河南洛阳市、南阳市局部偏重发生，对洛阳市局部地区春玉米和早播夏玉米危害较重，平均被害株率10%、最高100%，高于2016年的7%和85%，平均百株虫量12头、最高300头，高于2016年的3头和25头；南阳市为害盛期玉米平均被害株率11%，最高达75%，平均百株虫量27头，局部高达600头，唐河、宛城等地部分田块玉米被吃成光秆。

1.3.2 三代幼虫发生范围广、高密度虫量田块多

自2017年7月底开始，三代黏虫在西北、黄淮、华北、东北地区的13个省份陆续发生，发生面积为106.8万hm²，黑龙江南部、吉林中西部、内蒙古东部和西部、山西南部、陕西北部、宁夏中东部，以及山东威海和天津静海等地局部出现三代黏虫高密度集中为害田块。其中，内蒙古鄂尔多斯大部分地区玉米田平均百株虫量20～30头，最高50头；局部重发田块平均单株虫量12头，最高达20头。山西运城个别重发田百株虫量200～400头，最高超过1 000头；果园发生面积0.03万hm²，发生密度一般60～120头/m²，最高380头/m²。临汾有53.3hm²玉米田重发，一般百株虫量300～800头，最高达1 800头。吉县苹果园重发面积0.67万hm²，杂草上一般密度156头/m²，严重田块255头/m²，最高达638头/m²。陕西渭南、榆林、延安等地出现高密度田块，玉米田重发田块平均百株虫量60头，最高达2 100头；果园杂草上平均密度78头/m²，最高120头/m²。宁夏盐池、同心、红寺堡等地偏重发生，重发面积达2万hm²，玉米田重发田块百株虫量高达2 000～4 000头。山东荣成夏玉米田重发面积10hm²，平均百株虫量40头，重发地块平均百株虫量310头。天津静海重发地块面积约0.02万hm²，玉米田百株虫量500～600头。

1.3.3 高空气流汇合沉降导致重发区域呈带状分布

2017年三代幼虫发生区域呈现明显的条带分布规律，一条为东北地区至华北地区的东北至西南方向分布带（自黑龙江木兰至山西临猗），还有一条为宁夏至内蒙古中西部的东南至西北向的分布带（自内蒙古磴口至河南伊川）。两条重发带在空间上呈现明显的弓型分布，并在华北北部交汇，而这种弓型分布与高空风场密切相关。在7月20日左右的成虫迁飞高峰期，北京、河北北部、山西北部、内蒙古中部地区盛行偏北气流，而此时在河北南部、山东大部、陕西大部则盛行偏南气流，南北气流交汇后，在弓型分布区的边缘形成有利于黏虫迁飞的动力场，加之7月中、下旬下沉气流盛行，不利于二代成虫迁出，导致黏虫降落并暴发成灾。

1.4 棉铃虫

棉铃虫在华北、黄淮和西北地区发生程度明显重于前几年（图1-29），其中，内蒙古、宁夏、辽宁、河北、山东、甘肃等地偏重发生，全国发生面积559.5万hm²。

1.4.1 三代、四代幼虫为害重

河北2017年棉铃虫虫量明显高于近年，发生面积158.7万hm²。9月上、中旬玉米穗期普查，中南部棉铃虫平均每百株虫量为19.4头，比2016年的12.9头高了50.4%。大多数地区虫量均高于2016年，其中永年县调查平均每百株虫量为30.2头，比2016年高了9.4倍，最高每百株虫量达65头；临西县调查平均每百株虫量75头，比2016年高了4.7倍，最高每百株虫量达101头。山西三代棉铃虫平均被害穗率为15%～20%，最高50%，平均百穗有虫12～15头，最高46头；9月下旬普查，四代棉铃虫为害高峰期平均危害穗率28%，最高45%，平均百穗有虫20头，最高45头。辽宁7月下旬至8月中旬，葫芦岛、朝阳、阜新、锦州等地玉米田三代棉铃虫为害较重，受害面积6.7万hm²左右。江苏总体为中等发生，累计发生面积12.7万hm²，是2016年的3.1倍，列2013年来第一位。四代棉铃虫中等发生，发生面积6.2万hm²。全省平均百株残虫量5.3头；东台8月下旬普查夏玉米田，百株残虫量18.3头，高于2014—2016年。河南四代棉铃虫中等发生，开封、南阳、鹤壁四代棉铃虫偏重发生，发生程度重于常年。为害盛期在8月中、下旬至9月中旬，一般百株幼虫5.6～17.1头，南阳、开封、鹤壁百株虫量分别为18.5、46.1和93.1头。开封市为害盛期大田调查，平均百株幼虫47.6头，高于2016年的30.5头，与常年相比增加64.1%，最高百株180头；盛期平均被害株率57%，最高为100%。杞县、通许发生较重，盛期平均百株虫量分别为68头和50头。

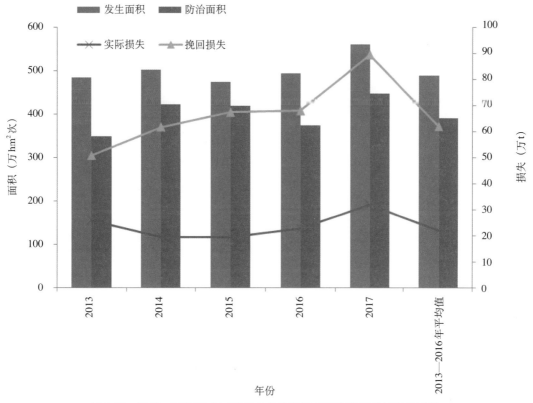

图1-29　2013—2017年全国棉铃虫发生防治面积和实际挽回损失统计

1.4.2　棉铃虫重发区域扩大至西北地区

2017年内蒙古自治区棉铃虫发生范围广,主要发生在巴彦淖尔市杭锦后旗、乌拉特后旗、乌拉特中期、乌拉特前期、五原县、磴口县和临河区,鄂尔多斯市杭锦旗、阿拉善盟阿拉善左旗。总体偏轻发生,局部偏重发生,发生面积39.5万hm²。7月下旬,巴彦淖尔市向日葵、玉米上首次出现棉铃虫幼虫大面积为害,玉米田发生危害面积为9.1万hm²,一般每百株虫口密度5～173头,最高5头/株,有虫株率5%～100%,重点发生区域乌拉特中旗、乌拉特后旗、磴口县。宁夏棉铃虫偏重发生,全区发生面积22.3万hm²,以玉米受害面积最大,累计发生21.7万hm²。北部的银川市贺兰县、石嘴山市平罗县等局部地区大发生,6月15日调查,玉米苗平均被害株率10%,发生严重田块达20%;8月调查平均百株虫量15头,最高百株虫量53头。甘肃棉铃虫偏轻发生,发生面积14.7万hm²,发生区域主要在张掖、武威、酒泉、金昌、白银等市,近几年呈逐年加重趋势。

1.4.3　棉田以外的作物田棉铃虫虫量高

棉铃虫对棉田外作物的为害程度明显重于棉花,河北棉田幼虫量低,一般百株0.5～2头,最高5头,玉米、花生、大豆、蔬菜、中药材、油葵等其他作物田普遍虫量较高,玉米田虫量明显高于近年,中南部棉铃虫平均每百株19.4头,比2016年增加50.4%。其中永年县调查平均每百株30.2头,比2016年高了9.4倍,最高达65头;临西县调查平均每百株75头,比2016年高了4.7倍,最高达101头。花生田一般每百穴15～20头,重发地块每百穴60～90头,最高每百穴157头;蔬菜田一般百株虫量3～20头,最高310头;大豆田一般百株虫量4～7头;油葵田重发地块百株虫量达80头。宁夏小麦、玉米、大豆、水稻、向日葵、苜蓿、西瓜、白菜、番茄、马铃薯等多种作物受害。贺兰县小麦田平均每平方米有虫10头左右,发生严重田块每平方米有虫50头左右。玉米田平均被害株率10%,发生严重田块达20%;平均百株虫量15头,最高百株虫量53头;石嘴山市惠农区9月玉米雌穗受害尤为严重,平均被害株率22%,最高达30%,平均每穗虫量1～2头。大豆田平均百株有虫20头,最高为60头,被害株率达100%。水稻田每平方米1头,最高为8头。向日葵田虫田率30%,平均每盘虫量8头,严重的田块每盘虫量15头;花盘被害率平均为13%,最高达28%,每盘虫量多为1～3头。西瓜田平均被害果率为10.4%，严重田块为36%。白菜田被害株率7%。内蒙古赤峰市调查发现棉铃虫为害向日葵、高粱、玉米，田间被害率为20%～40%，最高达70%。山东棉铃虫在花生、大豆、蔬菜、玉米等作物上虫量较高，并已成为危害花生的主要害虫。泰安花生田虫田率90%，虫墩率40%，百墩有虫85头，最高200头；露地番茄和茄子百株虫量分别为150头和42头。新疆生产建设兵团番茄百株虫量10～30头，蛀果率2%～10%，辣椒棉铃虫发生量较低。

1.4.4 穗期害虫各地优势种类占比不同

各地优势种类占比不同，如河北永年县、临西县、辛集市、黄骅市、安新县等穗期害虫以棉铃虫为主。永年县调查，棉铃虫、玉米螟、桃蛀螟平均百株虫量分别为44.2头、3.8头、18.3头，桃蛀螟量高于玉米螟量。临西县调查穗期虫量均较高，以棉铃虫占比最高，棉铃虫、玉米螟、桃蛀螟平均百株虫量分别为75头、58头、32头。馆陶、曲周、博野等县穗期害虫以玉米螟为主，占比最高，馆陶县调查，棉铃虫、玉米螟、桃蛀螟平均百株虫量分别为27.8头、48.8头、25.6头；博野县调查，棉铃虫、玉米螟、桃蛀螟平均百株虫量分别为4头、34.67头、7.67头，桃蛀螟虫量高于棉铃虫量。山东玉米穗期害虫平均为害程度中等，以棉铃虫、玉米螟、桃蛀螟、高粱条螟为主，烟台9月6日调查夏玉米，玉米螟百穗有虫8.0头，棉铃虫百穗有虫7.0头，黏虫百穗有虫2.4头、桃蛀螟百穗有虫98.1头；菏泽9月上旬虫株率60%～80%，百株虫量70～130头，最多百株有虫160头，平均百株有虫113.2头，玉米螟占28.5%，棉铃虫占40%，桃蛀螟占21.5%，黏虫、条螟各占4.0%，毛虫占2.0%。

2 玉米病害

2.1 大斑病

大斑病总体中等发生，在东北、华北局部偏重发生，轻于2016年同期，全国发生面积336万hm²次（图1-30）。

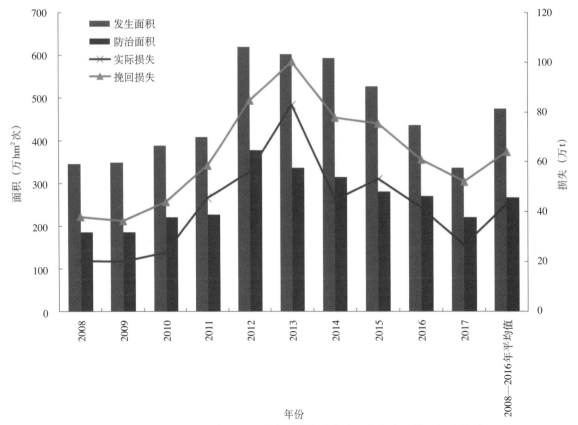

图1-30 2008—2017年全国玉米大斑病发生防治面积和实际挽回损失统计

2.1.1 总体中等发生，局部偏重发生

河北玉米大斑病主要发生在冀北春玉米区，总体中等发生，局部偏重发生，发生程度与2016年相当，中南部夏玉米区零星发生，全省发生面积38.9万hm²。承德县7月6～10日调查，玉米大斑病平均病株率10.3%，低于2016年同期的14.8%；7月下旬呈加重发生趋势；8月底至9月上旬达发生盛期，9月11日调查一般地块病株率35%～55%，严重地块病株率100%，病叶率40%以上，2、3级病斑占60%以上，与2016年相当。山西中等至偏重发生，发生面积29.7万hm²，一般地块发病株率70%～80%，严重田块达100%，程度与2016年相当；中部太原市发生晚，程度重，流行快，9月20日发病指数达5级，全株基本枯死，是近年来太原市发生最重的一年。辽宁中等发生，发生面积23.7万hm²，朝阳、阜新、沈阳、铁岭等地部分地块偏重发生。江苏总体轻发生，发生面积4.1万hm²，较2016年增加26.9%，主要发生在淮北地区；全省平均病株率1.9%，其中沿海地区1.1%，淮北3.2%。河南轻发生，发生面积30.2万hm²，三门峡市局部为害较重，盛期平均病株率为6.83%，最高病株率达48%。

2.1.2 天气和品种抗性是大斑病局部偏重发生的原因

2017年辽宁春季干燥，大部分地区出苗晚，玉米长势较弱，6月之后，降水明显增多，加之玉米提倡密植，田间密闭，温湿度条件、植株生长条件利于发病，导致大斑病在部分地块发生较重。品种抗病性不强，大斑病常发区主推的玉米品种没有一个品种对大斑病具有高抗性。

2.2 南方锈病

南方锈病在黄淮海大部偏轻发生，全国发生242万hm²次，轻于2015—2016年（图1-31）。

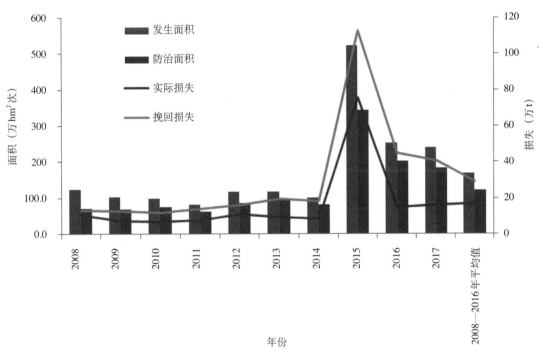

图1-31 2008—2017年全国玉米南方锈病发生防治面积和实际挽回损失统计

2.2.1 发生程度轻于2015年，局部重发

河北总体轻发生，只个别地块发现病叶，全省发生面积8万hm²，发生程度明显轻于2015年和2016年。永年县调查个别地块发现玉米南方锈病，病株率15%～20%，病叶率5%～10%。馆陶县9月5日调查，一般病株率0.01%，最高1%。江苏偏轻发生，晚夏玉米和秋玉米发病重，全省发生面积

5.9万hm², 较2016年降低16.6%, 主要发生在沿海、淮北, 全省平均病株率8.6%, 沿海地区病株率12.2%, 淮北地区病株率10.3%, 沿海、淮北均可查见病株率100%的重发田块。安徽各地一般病株率为0.9%～7.6%, 9月初病害发展蔓延较快, 各地差异较大, 全省加权平均病株率为8.4%, 平均病叶率为1.9%, 临泉县、萧县病株率分别为37.2%、52.6%, 其他地区一般为2.5%～12.3%。山东发生程度重于2016年, 较2015年明显偏轻, 个别地块、品种发生重, 发生面积62万hm²。菏泽9月15日后盛期普查, 病田率95%, 病叶率15%～25%, 严重地块病叶率40%～60%, 较2016年重; 聊城高唐县出现重发生地块, 病株率达到100%, 病叶率为57%, 部分病株病叶率达到100%; 济宁感病品种发生相对较重, 病叶率一般30%～50%, 重发地块80%以上, 泰安新泰发病田病株率15%, 平均病叶率50%, 个别地块病叶率100%。湖南偏轻发生, 轻于2016年, 发生面积5.1万hm²。龙山6月初调查平均病株率32%, 病叶率0.8%, 比2016年减少6.5%和2.18%。新晃7月上旬调查病株率为7.3%, 略轻于2016年。云南中等发生, 发生面积27.3万hm², 仅在大理发生较重, 病叶率70%, 比2016年同期增加24%。保山市隆阳区病田率31.9%, 病株率62.9%, 病叶率16.4%。

2.2.2 天气因素适宜导致南方锈病局部地区重发

如7月29日台风"纳沙"在台湾东部沿海登陆, 8月初给黄淮海玉米区带来降水和锈病病菌, 但8月遇持续极端高温抑制其发展, 后期山东、安徽等地持续降水, 为玉米南方锈病扩展提供有利条件, 造成后期玉米南方锈病扩展速度快, 9月中旬以后玉米南方锈病大面积表现症状。

2.2.3 品种间发病程度差异大

据2017年各地调查, 不同玉米品种间表现出一定的南方锈病抗性差异, 如江苏2017年锈病在玉米生长后期发生重, 但不同品种表现出的抗性水平不一, 郑单958、苏玉30、丰乐66、金科玉3306、蠡玉16、隆平206等品种发病较重。山东抗病品种种植面积较大, 田间调查品种间抗性有差异, 早熟品种重于晚熟品种。抗耐性较好的有鲁单981、鲁单50、农大108、天泰10号、中科4号及登海605、登海4号等登海系列品种; 感病品种有郑单958、浚单20、先玉335、鲁单9006、中科11等。

(执笔人: 刘杰)

2017年全国棉花主要病虫害发生概况与分析

2017年棉花病虫害总体为中等程度发生，全国累计发生面积930.89万hm²次，累计防治面积1 084.01万hm²次，挽回损失和实际损失分别为90.7万t和24.9万t。其中，病害累计发生面积161.23万hm²次，累计防治面积168.29万hm²次，挽回损失和实际损失分别为16.4万t和6.9万t；虫害累计发生769.66万hm²次，累计防治面积915.72万hm²次，挽回损失和实际损失分别为74.3万t和18.0万t。

1 重大病虫发生概况

1.1 棉花虫害

1.1.1 棉蚜

棉蚜总体为中等发生，总体发生轻于2016年，新疆发生较重，全国累计发生217.93万hm²次，防治282.14万hm²次，挽回损失和实际损失分别为24.4万t和5.1万t。苗蚜发生116.41万hm²，新疆发生危害最重，新疆阿克苏、轮台平均百株蚜量分别6 900头、8 660头，最高百株蚜量达1.7万头；新疆哈密、轮台、阿克苏平均卷叶株率分别为30%、21%、9%，最高卷叶株率分别达50%、64%、39%；其次是黄河流域棉区，山东临清、成武和山西盐湖平均百株蚜量分别为765头、158头、609头，最高百株蚜量分别为1 960头、2 330头、1 760头，平均卷叶株率分别为12%、1.1%、2%，最高卷叶株率分别为35%、20%、6%，黄河流域大部和长江流域棉区蚜量较低，平均和最高卷叶株率分别不到1%和5%。伏蚜发生101.52万hm²，仍以新疆发生为重，平均和最高百株蚜量分别为3 753头和9 963头，平均和最高卷叶株率分别为17%和28%；新疆生产建设兵团平均和最高百株蚜量分别为994头和3 954头，平均和最高卷叶株率分别为7%和18%。天津宁河平均和最高百株蚜量分别为1 200头和3 500头。湖南南县、湖北鄂州和新洲平均百株蚜量分别为2 113头、522头、1 000头，最高百株蚜量分别为3 012头、1 650头、4 500头。黄河流域和长江流域棉区卷叶株率多在5%以下。

1.1.2 棉铃虫

棉铃虫总体偏轻发生，发生程度明显轻于2016年和常年。黄河流域、长江流域和新疆部分棉区转Bt基因抗虫棉对棉铃虫的控制作用明显，棉铃虫维持低水平发生，黄河流域局部及新疆部分棉区偏重发生。全国累计发生和防治面积分别为178.42万hm²次和218.23万hm²次；挽回损失和实际损失分别为12.7万t和2.6万t。

各地调查平均百株累计卵量，二代棉铃虫，黄河流域棉区数量较高，天津、山东、河北平均值分别为2 095粒、797粒、764粒，山东商河和夏津、河北安新、天津宁河和武清达1 800～2 400粒；长江流域棉区多在50粒以下；新疆阿克苏为200粒，大部分在20粒以下。三代棉铃虫，黄河流域棉区数量较高，河南杞县701粒，天津武清360粒，河北馆陶299粒，山东商河260粒；辽宁朝阳88粒，湖北枣阳73粒，长江流域和新疆棉区多不足30粒。四代棉铃虫，河南杞县百株累计卵量达2 617粒，河北安新252粒，天津宁河、河北馆陶和阜城、湖北枣阳、湖南汉寿为100～200粒。各地二至四代棉铃虫百株虫量多为1～3头，对棉花基本不构成威胁，仅二代棉铃虫黄河流域棉区个别棉田虫量较高，如天津幼虫量较高，一般地块百株有虫6～10头，部分地块40～50头，个别严重地块百株有虫200～300头；河北南宫个别地块最高百株虫量为20头；山东省平均百株有幼虫2.2头，最高虫量出现在潍坊昌邑，平均百株有幼虫12头，个别棉田百株有幼虫达40头。新疆吐鲁番市托克逊县三代棉铃虫最高百株8头。各地主要是在防治棉盲蝽、棉蚜等害虫的同时兼治棉铃虫。

1.1.3 棉叶螨

棉叶螨总体为中等发生，发生重于2016年。全国发生面积115.35万hm²次，防治面积150.38万hm²次，挽回损失和实际损失分别为20.6万t和5.9万t。苗期和蕾花期发生50.1万hm²，棉花苗期，棉叶螨在黄河流域棉区发生严重，长江流域棉区次之，新疆棉区较轻，其中河南杞县和山东成武平均百株螨量分别为3 273头和584头以上，最高达5 500头和5 400头；湖北新洲和仙桃平均百株螨量在80头左右，最高分别为293头和180头；新疆农八师148团、农五师81团、博尔塔拉蒙古自治州最高百株螨量分别为112头、142头和350头；其他大部分棉区百株螨量多在50头以下。蕾花期，棉叶螨在各棉区都有螨但个别点螨量较高，河南杞县、湖北新洲、新疆哈密和农一师农科所平均百株螨量分别为3 415头、1 079头、1 500头和764头，最高平均百株螨量分别为7 370头、4 437头、3 000头和3 672头；山东成武、新疆博尔塔拉蒙古自治州和尉犁平均百株螨量为230～280头，最高百株螨量分别为2 250头、1 232头和675头；新疆沙湾和农八师148团最高百株螨量分别为3 250头和2 500头。花铃期发生65.25万hm²，新疆棉区和长江流域部分棉区螨量较高，平均百株螨量农二师29团、新疆沙湾和湖北新洲分别达3 500头、2 500头和1 172头，以上三点的最高平均百株螨量分别达5万、5 800头和8 320头，湖北鄂州、新疆博尔塔拉蒙古自治州为1 600头和1 872头。

1.1.4 棉盲蝽

棉盲蝽总体为中等发生，明显重于2016年，全国累计发生面积为99.5万hm²次，二至五代发生面积占比分别为26%、38%、29%、7%，防治面积106.57万hm²次，挽回损失和实际损失分别为6.9万t和1.5万t。二代平均百株虫量，新疆阿克苏市拜什吐格曼乡最高达百株58头，昌吉回族自治州呼图壁县为36头，最高达85头；湖北仙桃、河北武邑、山东章丘、山西盐湖为13.2头、13头、12头和9头，山东沾化、湖北公安、新疆库车为5头，山东滨州和农一师农科所为4头，其他大部分棉区在3头以下。三代，长江流域和黄河流域棉区虫量较高，安徽太湖、东至和山东章丘百株虫量分别为55头、14.8头和10头，安徽含山、湖北仙桃和山西盐湖为7～8头，其他各点为5头或5头以下。四代，仍以长江流域发生重，安徽东至、太湖为109.2头和88头，湖南安乡、湖北仙桃和武穴分别为38头、16.5头和10.7头，黄河流域棉区最高的山西盐湖为13头；其他大部分棉区在8头以下。各地盲蝽为害情况，天津5月上旬枣树和葡萄上的盲蝽发生较重，5月8日普查，靠近早春寄主的棉田严重地块新被害株率50%；二代高峰期在6月25～30日，一般新被害株率4%～8%，严重地块新被害株率15%以上；三代7月5日棉田普查，一般地块新被害株率5%～8%，严重地块新被害株率10%～15%。河北馆陶县6月26日调查，新被害株率二代一般为20%～40%，三代和四代平均值分别为18%和28%。山东东营三、四代新被害株率分别为9.7%和25.6%。江西二代一般为5%～16%，高的达20%～42%。湖北枣阳二至四代分别为15.3%、10.4%和14.1%。新疆阿克苏市拜什吐格曼乡严重棉田被害株率达100%，上部叶片全部为破叶。

1.1.5 烟粉虱

烟粉虱总体中等发生，河北和新疆等地发生较重；全国累计发生51.64万hm²次，防治46.38万hm²次，挽回损失和实际损失分别为3.0万t和7 445t。河北省总体中等发生，其中南部偏重至大发生，发生程度与2016年相当。威县8月28日调查，虫株率95%以上，平均百株三叶虫量1 000～20 000头。永年县8月中旬虫量开始迅速上升，百株三叶虫量8 000～9 000头；9月6日调查，百株三叶虫量1.3万头。安徽8月下旬虫量高峰期，百株三叶虫量全省平均为325.9头，较2016年峰期增加2.6倍，多数地区低于200头，其中宿松虫量最高，为1 112头；有虫株率一般为16%～32%。新疆吐鲁番市高昌区棉田虫田率100%，有虫株率78%，平均百株三叶虫量为950头，最高为1 230头，哈密市伊州区平均百株三叶虫量为600头，最高达1 020头。

1.1.6 棉蓟马

棉蓟马在全国各棉区均有发生，新疆和河北发生较重；全国累计发生约70.15万hm²次，防治72.06万hm²次，挽回损失和实际损失分别为5.1万t和1.8t。新疆总体中等发生，发生面积36.53万hm²次。阿克苏棉蓟马于4月19日迁入棉田，比2016年早1d。平均被害株率9%，最高达80%。南疆克孜勒苏柯尔克孜自治州平均百株虫量70头，最高达250头，平均被害株率达15%，虫量显著高于2016年同期。北疆昌吉回族自治州玛纳斯县平均百株虫量15头，最高为180头，平均被害株率达12%，除南疆和田、东疆哈密和吐鲁番外，其他植棉区均有发生。棉蓟马在新疆生产建设兵团大部分区域发生量和为害程度大于近年，严重区域虫株率达到100%，多头棉率达5%以上。河北总体中等、局部偏重发生。故城县5月28日调查，一般百株20～80头，最高达450头，长势好、靠近道边地块发生重，低于2016年同期的虫量（一般白株300～500头）。安新县6月15～20日田间调查，白株三叶虫量2120头，发生危害较重。山东轻发生，个别管理粗放的棉田发生略重。湖北、湖南轻发生。

1.1.7 其他害虫

红铃虫在长江流域棉区偏轻发生，全国累计发生7.04万hm²次，防治9.83万hm²次，挽回损失和实际损失分别为4170t和982t。湖南、湖北分别发生4.35万hm²、2.03万hm²。湖北新洲一至三代百株累计卵量分别为39.5粒、66.1粒和128.9粒，湖南安乡二、三代百株累计卵量分别为40粒和105粒。累计虫害花率，一代，湖南安乡、南县和湖北新洲累计虫害花率为1.1%～1.2%；二代，湖南安乡、南县累计虫害花率为12.1%、1.8%，湖北仙桃和湖南永修分别为0.8%、0.5%；三代，湖北新洲平均每0.5kg籽棉含虫7.5头。

斜纹夜蛾、甜菜夜蛾在长江流域棉区偏轻发生，江西省7～8月调查斜纹夜蛾，每667m²有卵块一般1～4块，高的12块；百株高龄幼虫一般2～13头。双斑萤叶甲在新疆棉区为害上升。

1.2 棉花病害

1.2.1 苗期病害

苗期病害中等发生，全国发生面积为44.4万hm²，防治面积为55.98万hm²，挽回损失和实际损失分别为5.1万t和1.1万t。长江流域和黄河流域部分棉区发生较重，新疆棉区发生轻于2016年和常年。江西偏重发生，相似于2016年，主要以立枯病、疫病等为主，病株率一般3.5%～15.7%，高的20%～37%；死苗率一般1.5%～12%，严重的高达42%。湖北中等发生，以立枯病、猝倒病、炭疽病为主，6月下旬调查，一般病田率在15%（武穴）至60%（钟祥），一般病株率在1.9%（武穴）至25.6%（鄂州），鄂州、仙桃重发田块病株率超过30%，全省加权平均病株率为10.5%，明显高于2016年的5.4%。黄河流域棉区以立枯病和炭疽病为主，其中河北总体偏轻发生，播种后期气温高、棉花出苗好，对苗病的抵抗力增强，使发生程度轻于2016年，但不同区域地块间差异大，全省发生15.2万hm²。5月上旬开始发生，中、下旬达发病盛期。馆陶5月8日调查，棉花苗病以立枯病、炭疽病为主，平均病株率10.2%，最高25%。故城5月22日调查，一般病株率3%以下，最高9%。武邑5月23日调查，病田率70%，病株率5%～12%，严重地块病株率达32%。山东省发生面积小，发生程度轻于常年和2016年。各地调查情况：东营市5月20日调查，全市平均病株率1%～3%，6月6日调查，全市平均病株率3.4%，发生重的地块达10%以上；滨州5月23日调查，病田率30%～50%，平均病株率5%，最高为10%，平均死苗率为0.8%，最高为2%；济南章丘6月6日调查，死苗率一般为1.2%～5.6%。新疆总体偏轻发生，北疆发病重于南疆，北疆主要发生区为塔城地区、博尔塔拉蒙古自治州、昌吉回族自治州，南疆主要为巴音郭楞蒙古自治州和阿克苏地区。北疆病田率为5%，病株率最高为8%。新疆生产建设兵团苗期病害整体偏轻发生，平均病株率在20%以下，死苗率在2%以下。

1.2.2 铃期病害

铃期病害全国发生面积为38.72万hm²，防治面积为30.95万hm²，挽回损失和实际损失分别为3.0万t和2.6万t。全国总体为中等程度发生，黄河流域和长江流域部分棉区发生较重，发病盛期在8月中旬至9月上旬。天津局部地区达重发生，发生程度较常年偏重。宁河9月10日调查，病田率100%；病铃率一般为20%，最高为30%；烂铃率一般为10%，最高为15%。河北受降水不均影响，区域间差异较大，安新系统调查，7月25日棉铃发病，一般发病地块病铃率2%，较重地块病铃率4%；8月28日调查发病较重地块病铃率达14%；9月12日调查发病较重地块病铃率17%，重于2016年。故城9月10日，一般地块烂铃率2%左右，最高地块烂铃率5%。山东大部分棉区发生程度接近常年略偏重，重于2016年同期。各棉区一般从7月中旬开始进入棉花花铃期，7月下旬个别地区开始陆续有铃期病害发生。菏泽7月下旬调查，病田率一般为5%，最高20%，病铃率一般3%，最高15%；夏津8月底调查，病田率一般为25.2%，最高35%，病铃率一般为3%，最高15%，9月下旬调查，病田率一般40%，最高65%，病铃率一般12%，最高20%。江西中等发生，轻于2016年。病铃率一般0.4%～4.9%，高的6%～20.2%。湖北偏重发生，主要发生时期8月下旬至9月。公安8月调查，一般病田率24.2%，病铃率2.5%，一般烂铃率低于0.5%；9月调查一般病田率21.7%，病铃率3.6%，一般烂铃率低于1%；9月下旬调查重病田块病铃率10%，烂铃率达3%。湖南偏重发生，流行盛期为8月中旬至10月中旬。

1.2.3 黄萎病

黄萎病全国发生面积为30.4万hm²，防治面积为30.19万hm²，挽回损失和实际损失分别为4.1万t和1.7万t。河北、湖北和新疆等地局部区域发病较重。天津为历年发病较轻的一年，6月15日在田间始见病株，7月10日调查，一般病株率0.5%，严重地块病株率2%。河北7月初始见病株，7月底病情开始快速发展，8月中、下旬达发病盛期，重茬地块发病较重。一般病株率3%～8%，安新、永年最高分别达37%、45%。山东7月下旬至8月上旬达到发病高峰，发病地区高峰期病田率一般在3%～15%，重的地区达25%～35%；病株率一般在3%以下，发病重的棉田可达15%～20%。安徽发病高峰期在7月中、下旬，平均病田率为18.1%，一般病株率为3.6%～9.3%，望江达14.7%。高峰期全省平均病株率较2016年增加1.2倍，较近3年平均值增加12.1%。8月底调查，全省平均病田率为9.7%，一般病株率为2%～7.5%，平均病株率为2.9%，全省平均病株率较2016年增加4.1倍数。湖北中等至偏重发生，重茬田、地势低洼田的老棉区发病重。仙桃6月调查，病田率为50%，病株率一般为20%，最高48%，发病程度重于2016年；7月调查，钟祥病田率为20%、病株率12%，武穴、仙桃重病田块病株率达30%。新疆偏轻发生，博尔塔拉蒙古自治州和塔城地区北部发病比阿克苏地区等南部严重，博尔塔拉蒙古自治州平均病田率达15%，病株率达2.5%，阿克苏地区病株率2%；新疆生产建设兵团南疆发生重于北疆，北疆病株率多在0.1%～10%，南疆病株率多在1%～30%，少数区域达50%以上。

1.2.4 枯萎病

枯萎病总体偏轻发生，接近2016年，湖北、江西等长江流域棉区发病较重。全国发生面积为29.1万hm²，防治面积为33.95万hm²，挽回损失和实际损失分别为3.4万t和1.1万t。河北6月中、下旬达发生盛期，发生地块一般病株率2%以下，永年最高为18%，重发地块病株率高于2016年故城的8%。山东近些年各棉区都有一定的发生，由于目前种植的棉花品种都有较好的抗性，发病植株的病情指数大部分都在10以下，造成的危害也较轻。江西中等发生，略重于2016年，发病高峰在6月下旬至7月上旬，病株率一般2.6%～13.2%，高的达30%以上。湖北发生重于2016年，发病盛期为6月至7月中旬，6月调查，平均病田率27.7%，平均病株率5.2%，武穴、仙桃重病田块病株率超过25%。7月调查，平均病田率15.8%，平均病株率7.1%，仙桃、公安、钟祥重病田块病株率超过20%。新疆总体偏轻发生，局部中等发生。新疆生产建设兵团调查，6月上旬达到发病高峰期，大部分发病区域的病株率在5%以下。

1.2.5 其他病害

江西红叶茎枯病中等发生，局部偏重发生，相似于2016年，8月为害高峰调查，病株率一般5.5%～21%，高的为28%～50%；山东、湖南红叶茎枯病轻发生。

2 原因分析

2.1 抗虫棉对棉铃虫具有明显控制作用

2017年全国棉花种植面积约330万hm²，黄河流域和长江流域棉区种植比率各为15%，西北内陆棉区约占30%。黄河流域和长江流域棉区棉花主产省抗虫棉田种植面积比率在90%以上，新疆为45%，甘肃为60%。抗虫棉对棉铃虫的控制作用明显，导致棉田棉铃虫卵量高、幼虫量不高现象，但自二代起，各地在花生、大豆、玉米和蔬菜田发生为害明显加重，棉铃虫种群数量明显增大，成为花生、大豆、玉米、向日葵和蔬菜等作物生产上的重要问题。此外，目前全国棉花已育成抗枯萎病品种且种植面积不断扩大，各棉区枯萎病危害有所控制，但缺少黄萎病抗病品种，黄萎病发生危害加重。

2.2　棉花种植方式有利于多种病虫发生为害

黄河流域和长江流域棉区棉花面积的进一步减少，棉田呈插花种植，与其他作物间作和套种的种植方式，有利于棉盲蝽、棉铃虫、棉叶螨和烟粉虱等多种害虫在各作物田辗转为害。新疆棉区果棉套作、滴灌等栽培方式多样化，也利于棉铃虫、棉叶螨的发生。另外，各地设施栽培面积逐年扩大，增加了烟粉虱安全越冬场所，且主产棉区设施蔬菜与棉花毗邻，有利于烟粉虱就近迁入棉田，导致为害程度重；田埂地头杂草防除不彻底，有利于棉叶螨的发生。新疆长期连作、大面积连片种植，田间病害菌源充足，有利于棉花枯萎病、黄萎病发生。

2.3　气候条件总体利于病虫害发生

新疆4月底至5月初，北疆降水偏多，间歇式降水，造成棉田湿度大，有利于苗期病害发生；6月下旬至7月中旬，温度高，间歇雨水较往年多，对棉蚜繁殖、为害有利。而山东等地苗蚜和伏蚜发生期间，降水偏多，气温起伏不定，对蚜虫发生为害有一定的抑制作用。山东等地4月下旬、5月上旬气温偏高，地温提升较快，对棉花播种和出苗较为有利，气象条件对苗期病害的发生不利。7月中旬后，黄河流域和长江流域棉区降水偏多，也不利于烟粉虱的发生，但对三至四代盲蝽和病害发生有利，导致部分区域发生程度加重。如安徽8月降水量较常年同期偏多，9月上旬出现较明显的连阴雨天气，造成田间湿度大、光照不足，有利于四代棉盲蝽和铃期病害的发生。

（执笔人：姜玉英）

2017年全国马铃薯主要病虫害发生概况与分析

2017年全国马铃薯病虫害总体中等发生，发生面积594.7万hm²，比2016年增加2.53%，其中病害发生373.9万hm²，虫害发生220.8万hm²，主要发生种类有晚疫病、早疫病、病毒病、二十八星瓢虫、蚜虫、豆芫菁和地下害虫等，各病虫发生防治情况如图1-32。

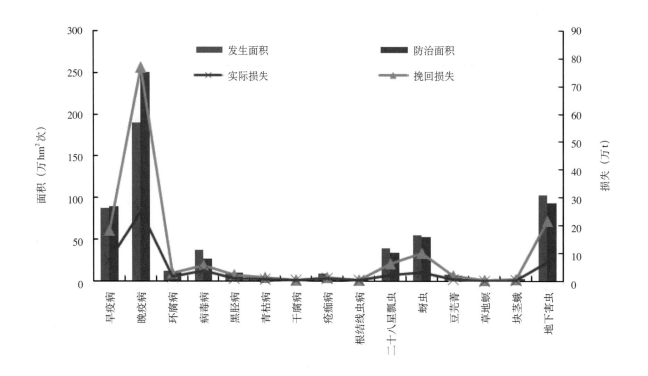

图1-32　2017年马铃薯主要病虫害发生为害情况

1　马铃薯主要病害

1.1　马铃薯晚疫病

总体中等发生，其中重庆、贵州、云南、湖北、黑龙江等地偏重发生，西北、华北等北方产区偏轻或中等发生，全国发生面积189.66万hm²，比2016年增加8.81%，发生程度和发生面积均低于2008—2016年平均值和偏重发生的2012年和2013年（图1-33）。主要发生特点：

一是发生面积和程度总体轻于近年。2017年全国马铃薯晚疫病发生189.66万hm²，比2008年以来的平均值减少4.3%，比偏重发生的2012年减少26.5%，总体为中等发生，发生程度接近2016年，轻于近年。北方产区47个监测点平均病株率一般在1%～25%，各地平均为9.5%；南方产区39个监测点平均病株率在5%～50%，各地平均为22.5%，局部地区出现严重为害情况，重庆奉节等地平均病株率达68.6%。马铃薯主产区马铃薯晚疫病发生情况见表1-1。

二是偏重发生区集中在西南主产区，北方主产区偏轻发生。受北方夏季干旱降水偏少等因素影响，2017年北方马铃薯主产区甘肃、宁夏、内蒙古等地马铃薯晚疫病偏轻发生，发生面积9.33万hm²，比

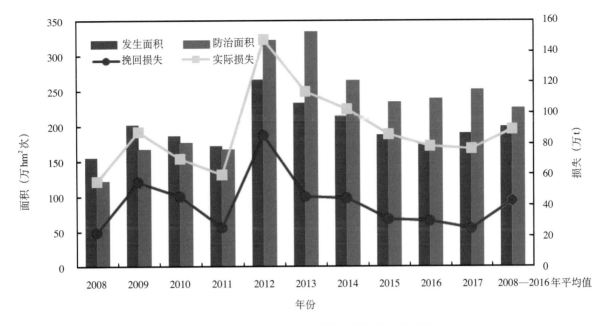

图1-33 2008—2017年马铃薯晚疫病发生防治情况

2008年以来的平均值减少49.0%，比偏重发生的2012年和2013年分别减少70.2%、66.1%。平均病株率一般在10%左右，显著轻于近年。西南主产区多为山区和丘陵，常年降水充沛，田间湿度大，马铃薯晚疫病在重庆、贵州、云南等地偏重发生，重庆局部地区大流行，平均病株率多在20%～50%，感病品种严重地块病株率达100%。

三是品种间发生不平衡。费乌瑞它、大西洋等品种发病比较普遍，平均病株率在60%以上，最高达100%；而庄薯3号、鄂马铃薯5号等品种发病相对较轻。但是以往较抗病的青薯9号等品种，抗性有所下降，据重庆监测，青薯9号前几年在晚疫病菌发生5代侵染后才在田间可能查见病株。

表1-1 2017年马铃薯主产区马铃薯晚疫病发生情况

省　份	发生程度	发生面积（万hm²）	防治面积（万hm²次）	始见期	病情（平均病株率）	主要发生区域
吉林	4	0.82	1.25	7月中旬，略晚于2016年	4%，最高23.4%	长春、松原、辽源
黑龙江	4	7.71	12.42	6月24日，密山		齐齐哈尔、绥化、黑河、佳木斯
宁夏	1	6.07	4.56	6月19日，泾源	4.5%，最高27%	固原
陕西	2	10.98	9.43	陕南：4月5日，城固 陕北：7月11日，靖边	15.84%	榆林、延安、汉中、商洛、安康
甘肃	2	26.14	43.24	6月20日，礼县	12%，最高42.3%	定西、天水、平凉、陇南、临夏
河北	3	6.75	14.25	7月14日，围场，偏晚3d	2%～5%	张家口、承德
山西	3	10.25	7.94	6月17日，长治	30%～60%，最高90%	北部
内蒙古	2	2.59	13.97		乌兰察布1.2%，最高11%	中部、东部
湖北	4 (5)	19.73	29.57	3月28日，云梦	7.4%～31.4%	鄂东、鄂西、江汉平原
湖南	3	3.46	3.09	3月27日，永定	湘西23.4%，最高93%	湘西、张家界、怀化、常德
重庆	4	15.70	16.49	3月25日，偏早8d	6.88%，最高90%	渝东北、渝南
四川	3	14.73	18.35	3月11日，南溪，偏早11d	9.8%～42%	凉山、盆周地区
贵州	4	27.93	24.15	2月17日，普定，偏早23d	一般35%，最高100%	全省
云南	4	24.36	27.90	4月10日，威信，偏晚7d	平均20%，最高100%	昭通、曲靖、丽江、昆明

1.2 马铃薯早疫病

偏轻发生,发生面积87.01万hm²,比2016年略增0.8%,其中内蒙古、宁夏等地中等发生,其他产区偏轻或轻发生。内蒙古发生10.27万hm²,主要发生在乌兰察布、赤峰、呼和浩特等地,一般病株率5%～30%,高的达90%以上。贵州发生8.71万hm²,主要在西部、北部等地,一般病株率15%,高的100%。宁夏系统观测田7月6日始见零星病叶,高峰期9月25日病株率、病情指数分别为100%和56.0,发生程度略重于2016年。山西偏轻发生,全省发生3.52万hm²,长治、忻州零星发生,7月5日长治调查,病株率为3%,最高5%。

1.3 马铃薯病毒病

偏轻发生,发生面积36.48万hm²,比2016年增加1.66%。内蒙古中等发生,一般发病株率10%～30%,高的达90%,主要发生在乌兰察布、赤峰、呼伦贝尔、呼和浩特。贵州发生面积9.53万hm²,在全省大部分地区发生,一般病株率13%,高的达60%以上。宁夏总体轻发生,系统观察田8月5日始见,发病高峰期9月25日调查,病株率4%,病情指数4.0,发生程度接近2016年,轻于历年同期。

1.4 其他病害

偏轻发生,发生面积60.71万hm²,比2016年减少3.76%,主要有马铃薯环腐病、黑胫病、炭疽病等。其中,炭疽病在河北等地的费乌瑞它、夏坡地等品种上发病较普遍,已成为当地马铃薯生产上一种主要病害。黑痣病、黑胫病、枯萎病、病毒病、线虫病等在内蒙古、宁夏等地零星发生,在局部地块发生严重。

2 马铃薯主要虫害

2.1 二十八星瓢虫

偏轻发生,全国发生面积39.02万hm²,比2016年减少6.29%。其中,山西、河北、陕西等地中等发生,其他产区偏轻或轻发生。山西局部地区偏重发生,重于2016年,一代幼虫为害盛期在6月下旬至7月上旬,平均百株有成虫265.4头,最高1 200头;平均百株有幼虫804.1头,最高2 600头。陕西主要发生在安康、汉中、榆林、延安,发生面积7.82万hm²,始见期普遍推迟,除汉中较2016年提前2d外,大部分推迟2～7d;为害略重于2016年,平均被害株率为16%,重于2016年的12.83%及近5年的平均值14.6%,平均百株虫量26.43头,重于2016年的24.78头,宝鸡持续发生为害,有虫株率65%,高于2016年的60.05%,也明显高于其他产区,百株虫量24头,低于2016年的28头,与近5年平均值23头基本持平。

2.2 地下害虫

中等发生,全国发生面积102.94万hm²,比2016年增加2.99%,其中山西、陕西、吉林、宁夏等地中等发生,其他产区偏轻或轻发生。目前由于各地大多采取起垄栽培,相比平作和畦作不利于地下害虫的发生,地下害虫相比前些年发生偏轻。

2.3 其他虫害

豆芫菁及其他害虫偏轻发生,全国发生78.88万hm²,比2016年减少5.8%。其中豆芫菁在山西中等发生,局部偏重发生,发生面积2.3万hm²,主要发生在朔州、忻州、大同、吕梁、太原的山区和丘陵区,发生程度轻于2016年;为害盛期7月上旬调查,平均百株虫量172.8头,低于2016年同期的204.19头,最高百株1 000头,低于2016年同期;朔州7月3日调查,百株有虫100～200头,

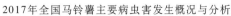

最高有虫1 000余头；大同7月18日调查，一般单穴马铃薯有虫2～3头，最高8头，受害株率达到30%，最高50%，山坡区马铃薯田受害明显。马铃薯蚜虫在贵州西部一般百株蚜量350头，高的达5 000头以上。

（执笔人：黄冲）

2017年全国油菜菌核病发生概况与分析

2017年全国油菜菌核病发生区域集中、发生程度重，前期主产区降水多，田间湿度大，后期病情扩展迅速。全国发生面积304.10万hm²，同比减少1.46%，比近5年平均值减少21.3%。防治面积336.86万hm²，同比减少1.76%，比近5年平均值减少16.6%。其中江汉平原、鄂东、赣北局部大发生，江南和长江中下游大部分地区偏重发生，黄淮和西南大部中等发生。发病盛期，西南、江南、长江中下游大部为3月下旬至4月中、下旬，黄淮、陕西关中为4月中、下旬至5月上旬。

1 2017年油菜菌核病发生特点

1.1 全国发生面积减少，发生区域集中

2017年全国油菜菌核病发生面积302.91万hm²，防治面积336.86万hm²。与近年全国油菜菌核病发生面积比较，2017年发生面积略有减少，但仍属于高发年份。发生区域集中在江南、长江中下游和西南地区，发生面积分别为102.48万hm²、136.43万hm²和47.65万hm²，分别占全国发生面积的33.78%、44.93%和15.74%。其中湖南发生面积71.92万hm²，占全国发生面积的23.74%，湖北发生面积86.83万hm²，占全国发生面积的28.55%，四川发生面积27.84万hm²，占全国发生面积的9.2%（表1-2）。

1.2 前期田间菌源量大，发病迅速

油菜主产区田间聚集了充足的菌源，前期田间湿度大，温度适宜，菌核病田间发病较重。从3月中旬开始，菌核病发展迅速，发生程度重于2016年，大部分地区处于叶发病期，局部地区开始侵茎。发病地区平均叶病株率，四川为16.9%，云南为13.4%，浙江为8%，重庆为7.1%，湖南、江西、安徽、江苏、湖北、陕西为3%～6%，其中重庆全市、湖南衡阳、湖北黄梅、江苏兴化最高叶病株率超过40%；与2016年同期相比，云南、贵州、四川、重庆、陕西、江苏等省（直辖市）增加，湖南、江西等省减少；与近5年均值相比，四川、贵州、重庆、江苏、安徽等省（直辖市）增加，湖南、江西等省减少。四川、云南、贵州、湖南、江西、浙江和安徽等省已经侵茎，平均茎病株率四川、云南、贵州、湖北和浙江分别为2.2%、2.5%、2%、1.68%和5%，其他各省均在1%以下。

1.3 为害损失减少

2017年全国油菜菌核病虽然发病严重，给油菜安全生产造成极大压力，但经有效防治，取得良好效果。挽回损失59.61万t，同比减少9.8%，比近3年均值减少4.81%，其中湖北、湖南挽回损失均超过11万t。全国油菜菌核病实际损失15.53万t，同比减少20.64%，比近3年均值减少12.62%。其中湖北、湖南、安徽和江西实际损失分别为4.89万t、2.83万t、1.7万t和0.75万t，同比减少19.17%、46.40%、37.04%和40.94%（表1-3）。

2 原因分析

2.1 品种抗性不高

油菜种植区主栽品种对油菜菌核病抗性较差，比较容易感病。总体来看，甘蓝型油菜种植比例一般都在90%以上，品种总体抗病程度为感病和一般，感病品种比例一般都在50%以上，最高的省份达到100%，如表1-4所示，目前大部分省区油菜主栽品种抗病性偏低，感病程度偏高，6个省的油菜品

种总体易感病，其余6省油菜品种感病程度一般。四川、湖南、湖北油菜种植面积最大，均超过100万hm²，油菜品种感病程度分别为感病、一般、一般。感病品种比例一般在40%～70%，最高达100%。病情指数一般在20～30，最高达42.10。油菜品种抗病程度不高为油菜菌核病的发生提供了十分有利的条件。

2.2 田间菌源量大，萌发推迟

油菜菌核病在全国各油菜产区都有发生，是长江流域、江南地区、东南沿海冬油菜区常发性病害，病原菌寄主广泛，土壤中菌核和病残体极易残留，造成菌源基数高。2017年主要油菜种植区子囊盘萌发量大、萌发期长，为菌核病的侵染和危害提供了便利条件。3月下旬，河南南部、陕西关中处于子囊盘萌发期，长江中下游地区处于萌发盛期，西南大部、江南地区进入萌发盛末期，萌发期比常年偏早。子囊盘密度偏高，如表1-5所示，长江中下游和西南种植区大部田间子囊盘密度偏高，子囊盘数一般2～4个/m²，如湖南、江西、安徽、四川田间子囊盘数分别为4.5个/m²、3.1个/m²、2.6个/m²和3.8个/m²，与2016年同期相比分别增加7.14%、减少1.5%、增加8%和19.8%。

2.3 感病品种比例高，花期与子囊盘萌发期同步推迟

2017年，长江流域冬油菜种植面积为637.8万hm²，同比增加1.3%，各省平均感病品种比率为68.4%，比2016年增加2.5%。3月下旬，四川、云南、贵州、重庆、江西南部、湖南油菜处于盛花期，湖北、安徽、江苏、浙江、江西北部、河南、陕西基本进入抽薹期至初花期，与2016年同期相比，大部分地区花期比常年偏迟3～5d，最高推迟10d，且花期与子囊盘萌发期同步推迟，为菌核病的侵染创造了条件(表1-6)。

表1-2　2015—2017全国主要产区油菜菌核病发生情况

区域	省份	2017年			2016年			2015年		
		发生面积（万hm²）	占全国比例（%）	发生程度（级）	发生面积（万hm²）	占全国比例（%）	发生程度（级）	发生面积（万hm²）	占全国比例（%）	发生程度（级）
西南	四川	27.84	9.2	4	25.27	8.22	4	19.38	6.17	3
	云南	2.17	0.72	2	2.27	0.74	2	1.52	0.48	1
	贵州	8.54	2.82	2	8.65	2.81	2	6.04	1.92	2
	重庆	9.1	3	3	9.25	3.01	3	8.69	2.77	3
	小计	**47.65**	**15.74**	—	**45.44**	**14.78**	—	**35.63**	**11.34**	—
江南	湖南	71.92	23.74	4	78.4	25.5	4	76.88	24.47	4
	江西	21.03	6.91	4	20.15	6.55	4	24.17	7.69	4
	浙江	9.53	3.13	4	9.9	3.22	4	10.67	3.4	3
	小计	**102.48**	**33.78**	—	**108.45**	**35.28**	—	**111.72**	**35.56**	—
长江中下游	湖北	86.83	28.55	3	84.18	27.38	3	93.74	29.84	4
	安徽	29.4	9.71	4	30.8	10.02	4	34.72	11.05	4
	江苏	20.01	6.61	3	22.71	7.39	3	24.13	7.68	3
	上海	0.19	0.06	2	0.32	0.1	2	0.42	0.13	3
	小计	**136.43**	**44.93**	—	**138.01**	**44.89**	—	**153.01**	**48.7**	—
黄淮	河南	6.08	2	1	5.33	1.73	1	5.33	1.7	3
	陕西	7.24	2.39	2	7.05	2.29	2	6.75	2.15	2
西北	甘肃	1.35	0.445	2	1.35	0.44	2	1.57	0.5	1
	青海	1.68	0.55	2	1.77	0.58	2	0.1	0.03	1
全国	总计	**302.91**	—	—	**308.54**	—	—	**314.11**	—	—

表1-3 2017年与2016年全国主要产区油菜菌核病为害损失情况

省份	挽回损失（万t）		同比（%）	与近3年均值相比（%）	实际损失（万t）		同比（%）	与近3年均值相比（%）
	2017年	2016年			2017年	2016年		
四川	5.9	4.47	31.99	26.61	1.22	0.96	27.08	64.13
贵州	0.85	0.86	− 1.16	− 1.54	0.75	0.45	66.67	50
重庆	1.35	14.94	− 90.96	− 85.06	0.46	0.44	4.55	− 81.07
湖南	11.46	15.62	− 26.63	− 18.74	2.83	5.28	− 46.4	5.01
江西	6.35	49.32	− 87.12	− 80.92	0.75	1.27	− 40.94	− 76.82
湖北	16.8	20.86	− 19.46	− 13.39	4.89	6.05	− 19.17	32.4
安徽	6.07	6.25	− 2.88	2.82	1.7	2.17	− 21.66	− 7.86
江苏	6.41	6.26	2.4	− 4.09	1.73	1.76	− 1.7	62.7
浙江	1.77	2.23	− 20.63	− 9.54	0.24	0.39	− 38.46	34.58
上海	0.02	0.38	− 94.74	− 93.55	0.03	0.04	− 25	− 76.32
河南	0.87	1.3	− 33.08	0	3.64	0.15	53.33	− 16.87
陕西	0.84	0.78	7.69	21.15	0.3	0.23	30.43	− 96.69
全国	59.61	66.09	− 9.80	− 4.81	15.53	19.57	− 20.64	− 12.62

表1-4 2017年全国油菜主产区主栽品种抗性情况

省份	种植面积（万hm²）	甘蓝型比例（%）	总体感病程度	感病品种比例（%）	病情指数
四川	105.1	91	感病	85	42.1
贵州	58	90	一般	52	5.33
重庆	26.3	81	一般	35	13.4
湖南	130.7	96.3	一般	41.9	22.01
江西	53.9	90	一般	90	24.4
湖北	113.3	98.3	一般	60	20.5
安徽	50.7	95	感病	90	24.9
江苏	19.1	100	感病	100	34.9
浙江	16	90	感病	70	24.9
上海	0.33	100	感病	90	7.41
河南	32.4	85.3	感病	77.4	4.09
陕西	19	92.5	一般	27	6.02

表1-5 油菜主产区菌核病前期病情统计

省份	田间子囊盘密度			叶病株率			茎病株率		
	子囊盘数（个/m²）	比2016年同期增减比率（%）	比近7年均值增减比率（%）	均值（%）	比2016年同期增减比率（%）	比近7年均值增减比率（%）	均值（%）	比2016年同期增减比率（%）	比近7年均值增减比率（%）
云南	1.1	− 7	− 6	13.4	12	− 2	2.5	− 3	− 2
贵州	2	10	5	10	32	20	2	5	5
江苏	3.84	3 740	− 93.1	3.18	165	25.53	0	0	0
四川	3.8	19.8	46.2	16.93	11.4	126.33	2.2	4.16	71.9
重庆	1.4	7.6	5	7.11	23.4	12.2	0	0	0
湖南	4.5	7.14	26.17	5.3	− 40.45	− 30.87	0.8	− 46.7	− 25
江西	3.1	− 1.5	− 2.1	3.8	− 6.5	− 7.9	3	− 7.4	− 8.2
湖北	3.3	− 47.6	0	4.72	− 50.3	—	1.68	29.2	—
安徽	2.6	8	—	3.2	− 13.5	18.5	0.1	0	—
浙江	0	0	0	8	0	0	5	900	—
河南	0.3	50	0	3.2	− 8.6	—	0.6	20	—
陕西	3.7	37	5.7	2.9	7.4	0	0	0	0

表1-6 油菜主产区油菜花期及发病盛期

省 份	盛花期	盛花期比常年早晚	发病盛期
云南	2月19日至3月20日	晚3d	3月下旬至4月上旬
贵州	3月20日至4月5日	接近	4月上旬
湖南	3月8～30日	早5d	3月中旬至4月上旬
江苏	3月20日至4月15日	接近	4月上旬至中旬
四川	3月1～15日	早2d	3月中、下旬至4月上旬
重庆	3月5～25日	晚5d	4月中旬至4月下旬
江西	3月15～30日	晚5d	3月下旬至4月中旬
湖北	3月15～30日	晚10d	3月下旬至4月下旬
安徽	3月15日至4月6日	晚4d	3月下旬至4月中旬
浙江	3月25日至4月10日	接近	4月下旬至5月上旬
河南	3月15日至4月25日	接近	4月中旬至5月上旬

（执笔人：杨清坡）

2017年全国黏虫发生概况与分析

黏虫 [*Mythimna separata* (Walker)] 是全国重要的粮食作物害虫,可取食16科100多种植物,大发生时不仅能吃光植株叶片,还可取食禾本科作物的穗部,给粮食安全生产带来严重威胁。由于作物种植、气候条件和农田生境等因素的影响,黏虫在全国作物间、地区间和代次间的发生已明显变化。例如,2012年三代、2013年二代在华北、东北、黄淮等地严重发生,部分地区玉米、谷子、水稻等作物受害较重;2014年在华北、东北、黄淮等地为害程度比2012—2013年明显减轻,仅二代在黄淮局部田块发生较重;2015年三代在华北、东北、黄淮等地偏重发生,辽宁、山东、天津部分地区玉米田出现高密度集中为害;2016年是2012年以来黏虫发生面积最小、程度最轻的一年,仅三代在陕西、山西和河南交界处出现重发地块。2017年,全国黏虫发生区域扩大、为害作物种类增多,宁夏和内蒙古西部等干旱地区大面积作物受害,给当地农业生产安全造成重大威胁。本文总结了2017年全国黏虫各代次的发生特点,并从高空气流事件、关键期气象条件等方面分析了三代黏虫重发的原因,以期为深入探索黏虫发生规律和成灾机制、提高监测预报水平提供科学依据。

1 二代黏虫发生特点

1.1 一代成虫发生早、虫量高

多点监测表明,2017年黏虫一代成虫发生期或诱蛾高峰期比2016年同期偏早。辽宁北票5月21日始见成虫,比2016年早8d;内蒙古兴安盟、山东长岛、河北滦县分别于5月18日、30日、31日出现诱蛾高峰,分别比2016年早16d、6d和8d。

5月底6月初,全国高空测报灯监测网各点累计诱蛾量偏高。其中,山东长岛3台灯共诱蛾3.7万头,5月累计诱蛾量为2012—2016年同期平均值的36倍;江苏姜堰9 657头,是2016年同期的11.6倍;山东莱州746头,是2016年同期的14.3倍,峰日蛾量为141头;黑龙江双城94头,是2014—2016年同期平均值的4倍多;河北滦县346头,峰日蛾量233头,分别是2016年同期的6.4倍和11倍。

一代成虫发生高峰期间(5月20日至6月10日),江苏、安徽、河南、山东、陕西等地大部分地区黑光灯诱蛾量高于2015—2016年。其中,江苏东台217头,分别是2016年和2015年同期的9倍和6.8倍。安徽淮北地区各监测点累计蛾量501～2 656头,是2016年同期累计蛾量的3～5倍,峰日蛾量一般为121～380头。河南多地诱蛾量居于近几年的前列,灵璧6月6日峰日蛾量达1 252头,长葛峰日蛾量高达1 196头。山东即墨黑光灯累计诱蛾达2 050头,是2016年同期的30倍,峰日蛾量为930头;淄博累计诱蛾900头,济宁累计诱蛾299头,均是2016年同期的5倍;郯城、汶上、邹城、烟台累计诱蛾373～574头,峰日蛾量70～178头,均高于2016年同期。河北大名、正定累计诱蛾分别为1 111头、222头,是2016年同期的6.4倍和2.1倍。陕西兴平累计诱蛾94头,比2016年同期偏高25.3%,6月3日诱蛾57头,是2016年的3.4倍。

1.2 二代幼虫发生面积大、范围广,局部密度高

2017年全国二代幼虫见虫面积229.7万hm²,比2016年高39.7%,比2015年低19.0%。发生范围涉及黄淮、东北、华北、西北、西南等地的14个省份。其中,河南、山东等黄淮夏玉米区发生面积88.4万hm²,占全国发生面积38.5%;黑龙江、吉林、辽宁、内蒙古等东北地区发生面积63.0万hm²,占全国发生面积27.4%;陕西、甘肃、宁夏等西北地区发生33.4万hm²,占全国发生面积14.5%;河北、山西、北京、天津等华北地区发生15.8万hm²,占全国发生面积6.9%;云南、四川、贵州、重庆

等西南地区发生19.5万hm²，占全国发生面积8.5%；湖北、安徽、江苏和湖南等江淮地区发生9.6万hm²，占全国发生面积4.2%。

二代幼虫总体中等发生，内蒙古、河南、山东、陕西、云南等地局部地区出现高密度田块，重于2013—2016年同期。其中，内蒙古主要发生在赤峰和兴安盟，兴安盟科右中旗重发区玉米田局部地块为害率50%～80%，一般百株虫量20～30头，高的达60～80头；赤峰宁城局部麦田平均密度35～40头/m²，高的70头/m²，玉米田平均百株虫量10～20头，高的100头。河南洛阳、南阳局部偏重发生，洛阳局部地区在春玉米和早播夏玉米上为害较重，平均被害株率10%、最高100%，高于2016年的7%和85%，平均百株虫量12头、最高300头，高于2016年的3头和25头；南阳为害盛期玉米平均被害株率11%、最高达75%，平均百株虫量27头，局部高达600头，唐河、宛城等地部分田块玉米被吃成光秆。

2 三代黏虫发生特点

2.1 东北和华北地区二代成虫诱蛾量高

高空测报灯监测，山东长岛、陕西兴平、河北滦县、内蒙古通辽科尔沁、黑龙江双城、吉林长岭7月二代成虫累计蛾量分别为278头、1 007头、615头、357头、580头、400头，峰日蛾量分别为100头、142头、161头、167头、169头、101头。东北地区监测点、河北滦县及山东长岛累计蛾量和峰值显著高于2016年（表1-7）。

2017年7月各地黑光灯监测二代成虫量，以华北北部和东北地区较高。河北大名累计诱蛾673头，蛾峰日7月17日诱蛾131头。山东菏泽、烟台、济南等11地19个测报点平均单灯累计诱蛾129头，是2016年的2.1倍，虫量高的汶上、郓城单灯累计蛾量分别为525头、476头，峰日蛾量分别为105头、172头。山西芮城累计蛾量343头，河南永城、伊川、郸城累计蛾量分别为198头、267头、348头。辽宁、法库、开原、彰武单灯单日最高诱蛾18～75头，高于2016年同期。

表1-7　2016—2017年黏虫二代成虫高空测报灯诱蛾情况

监测点	2017年			2016年		
	峰日（月/日）	峰日蛾量（头）	7月累计诱蛾量（头）	峰日（月/日）	峰日蛾量（头）	7月累计诱蛾量（头）
黑龙江双城	7/20	169	580	7/14 7/18	2	4
吉林长岭	7/19	101	400	7/21	15	26
辽宁彰武	7/9	40	249	7/11	5	35
内蒙古科尔沁	7/27	167	357	7/20	5	24
河北滦县	7/24	161	615	7/30	13	139
陕西兴平	7/20	142	1 007	—	—	—
山东莱州	7/21	91	674	7/4	101	369
山东长岛	7/18	100	278	7/9	5	101
山西万荣	7/15	38	381	7/20	39	311
河南孟州	7/11	11	35	7/11	126	409

2.2 三代幼虫发生范围广、高密度虫量田块多

自2017年7月底开始，三代黏虫在西北、黄淮、华北、东北地区的13个省份陆续发生，发生面积为106.76万hm²（各省具体发生面积见表1-8），各区发生面积比率分别为20.3%、11.8%、7.8%、60.1%。黑龙江南部、吉林中西部、内蒙古东部和西部、山西南部、陕西北部、宁夏中东部，以及山东威海和天津静海等地局部出现高密度集中为害田块。其中，黑龙江、吉林、辽宁和内蒙古共发生

64.2万hm²，虫口密度明显高于2016年同期，黑龙江南部、吉林中西部，以及内蒙古鄂尔多斯、赤峰等地出现高密度田块。内蒙古鄂尔多斯大部分地区玉米田平均百株虫量20～30头，最高50头；局部重发田块平均单株虫量12头，最高达20头。山西运城个别重发田百株虫量200～400头，最高超过1 000头；果园发生面积0.03万hm²，发生密度一般60～120头/m²，最高380头/m²。临汾有53.3hm²玉米田重发，一般百株虫量300～800头，最高达1 800头。吉县苹果园重发面积0.67万hm²，杂草上一般密度156头/m²，严重田255头/m²，最高达638头/m²。陕西渭南、榆林、延安等地出现高密度田块，玉米田重发田块平均百株虫量60头，最高达2 100头；果园杂草上平均密度78头/m²，最高120头/m²。宁夏盐池、同心、红寺堡等地偏重发生，重发面积达2万hm²，玉米田重发田块百株虫量高达2 000～4 000头。山东荣成夏玉米重发面积10 hm²，平均百株虫量40头，重发地块平均百株虫量310头。天津静海重发地块面积约0.02万hm²，玉米田百株虫量500～600头。

表1-8 2017年各地三代黏虫发生情况统计

省　份	发生程度	发生面积（万hm²）	达标面积（万hm²）	重发面积（万hm²）	成灾面积（万hm²）	主要发生区域	成灾区域
黑龙江	2	10.3	3.17	0.81	0.01	哈尔滨、牡丹江	尚志、五常、延寿、呼兰、双城、宾县、木兰等地个别地块
吉林	3	12.31	10.03	2.83	1.23	吉林省中东部	吉林市除磐石以外所有县市、长春地区九台、双阳
辽宁	2(4)	16.64	3.74	0.33	0.03	阜新、朝阳、葫芦岛、铁岭等	阜新、盘锦、营口、丹东、大连
内蒙古	2(4)	24.95	9.14	1.81	0.14	巴彦淖尔、鄂尔多斯、赤峰、通辽	
河北	2(4)	2.96	0.55	0.13	0.04	主要发生在冀东部分县市区及邯郸西部山区	沧州（沧县、黄骅）；邯郸（武安）；承德（宽城）
北京	1	0.56	0	0	0	各区轻发生	无
天津	2	0.04	0.02	0	0	静海、宁河、宝坻、津南、西青	无
山西	2(4)	4.82	0.51	0.23	0.04	运城万荣、新绛、稷山、河津、临猗；临汾襄汾、尧都、吉县、乡宁、洪洞	临汾尧都、襄汾、吉县；运城万荣通化镇，新绛泽掌镇，稷山化峪镇
山东	2	4.13	0.28	0.02	0.01	鲁西北、鲁中、鲁北、半岛地区	聊城高唐、济南长清
河南	2	8.43	0.07	0.03	0	安阳林州、洛阳、伊川、宜阳、偃师等地谷子田	无
陕西	1(3)	12.49	2.31	0.91	0.1	宜川、富县、洛川、黄陵、白水、合阳、澄县、宜君、定边、靖边、横山	宜川、富县、洛川、黄陵、白水、合阳、澄县、宜君、定边、靖边、横山个别乡镇个别田块
宁夏	3(5)	9.13	3.07	1.33	0.23	全区各地均有发生，其中同心县、盐池县、红寺堡区、贺兰县、平罗县、灵武市、青铜峡市、中宁县局部地区发生较重	同心县韦州、下马关、河西、丁塘等七个乡镇的局部地区，盐池县惠安堡、花马池等地等乡镇局部，红寺堡区太阳山、新庄集等地局部
全国合计	2(4～5)	106.76	32.89	8.43	1.83	西北、东北、华北、黄淮	西北、东北、华北、黄淮局部

注：达标面积指达到防治指标的面积，防治指标为玉米和高粱每百株50头，谷子、水稻、杂草20头/m²；重发面积指标为玉米和高粱每百株80头，谷子、水稻、小麦和杂草30头/m²；成灾指叶片已被或即将被吃光。

2.3 为害作物种类多

黏虫是多食性害虫，可取食为害16科100多种植物，禾本科植物是黏虫的主要寄主，大发生时当主要寄主作物及野生植物被吃光后，也为害蔬菜（如白菜、辣椒）、油料作物（如花生、大豆）、果树（如苹果、柑橘）和各种树木（如桑、柳、榆）。2017年各地统计三代黏虫为害寄主种类包括玉米、水稻、谷子、高粱、向日葵、杂粮、果树、苜蓿、杂草等作物和植物，在玉米、高粱、谷子、水稻田发生普遍，尤其以杂草多、湿度大、管理差的田块为害较重（表1-9）。

部分地区三代黏虫为害寄主增多，如黑龙江三代黏虫常年在玉米、谷子上为害重，少数为害水稻，均取食叶片，但2017年除在玉米上为害严重外，哈尔滨、牡丹江市局部水稻田块上为害非常严重，虫量高的田块植株被吃成光秆，并且小穗也受害。山西、陕西苹果园也查见高密度幼虫取食叶片，为历年罕见。内蒙古西部地区的鄂尔多斯、巴彦淖尔、阿拉善盟等地除了玉米遭受了严重危害，高粱上黏虫虫量也明显高于常年，还出现了与棉铃虫在同一田块混合为害的情况。山东潍坊、昌邑苜蓿上发生面积66./hm²，虫口密度一般为8～10头/m²，严重田块为20～30头/m²，重发地块苜蓿被吃成光秆。

表1-9　2017年各作物田三代黏虫虫口密度

省份	玉米田密度（头/百株）			高粱田密度（头/百株）			谷子田密度（头/m²）			水稻田密度（头/m²）		
	一般	严重	最高	一般	严重	最高	一般	严重	最高	一般	严重	最高
黑龙江	21	163	2 000	—	—	—	14	62	120	17	65	1000
吉林	10～30	50～100	8000	55	100	115	20～30	30～150	300	2～15	20～40	50
辽宁	10	65	1 200	9	10	20	17	35	50	—	—	—
内蒙古	3～30	20～200	2 000	—	—	—	10	15～30	71	—	—	3～11
河北	20～50	100～600	10000	—	—	—	6～25	50～80	200	零星	—	—
北京	0～1	2	7	0	0	0	0～1	1～3	4	0	0	0
天津	3～8	50～80	600	2～5	5～6	10	—	—	—	—	—	—
山西	20	150	1 800	—	—	—	2～10	36～87	210	—	—	—
山东	2～6	184	800	200	350	500	27	40	85	—	—	—
河南	2.2			—	—	—	4	60～80	500			
陕西	29	90	2 200	19	139	1 500	4	20	92	3	5	9
宁夏	12	3 000	4 000	—	—	—				2～3	70	200

3　三代黏虫重发原因

3.1　高空气流汇合沉降导致重发区域呈带状分布

研究表明，黏虫迁飞的方向和速度与飞行时的风向和风速基本一致。黏虫随风迁飞的特性，使得黏虫迁飞和降落呈现明显的条带分布规律，如2012年三代黏虫暴发区域在东北、华北和西南地区呈西北至东南方向的条带分布。2017年三代幼虫发生区域同样呈现明显的条带分布规律，一条为东北地区至华北地区的东北至西南方向分布带（自黑龙江木兰至山西临猗），还有一条为宁夏至内蒙古中西部的东南至西北向的分布（自内蒙古磴口至河南伊川）。两条重发带在空间上呈现明显的弓型分布，并在华北北部交汇，而这种弓型分布与高空风场密切相关。根据空中风场分析（中国农业科学院植物保护研究所专家个人交流），在7月20日左右的成虫迁飞高峰期，北京、河北北部、山西北部、内蒙古中部地区盛行偏北气流，而此时在河北南部、山东大部、陕西大部则盛行偏南气流，南北气流交汇后，在弓型分布区的边缘形成有利于黏虫迁飞的动力场，加之7月中、下旬下沉气流盛行，不利于二代成虫迁出，导致黏虫降落并暴发成灾。

由于高空气流对二代成虫迁飞沉降的影响，2017年三代黏虫重发区域发生变化，西北、东北地区发生较为严重，尤其是常年不发生或轻发生的宁夏和内蒙古西部出现集中高发地块。由于黏虫的迁飞特性，其年度和代次间的具体发生区域因特殊天气事件变化较大，其迁飞和发生规律值得引起重视并加强研究。此外，在内蒙古西部地区黏虫与棉铃虫同时同田块严重发生的现象为历年罕见，需要对黏虫这一喜湿害虫在干旱地区严重发生的机理进行深入研究。未来，借助新的动植物保护能力提升工程，在全国广大西部地区利用昆虫雷达和高空测报灯网络监测黏虫迁飞情况，可为做好黏虫预报、在低龄幼虫期及时开展防治提供有效信息。

3.2 关键时期降水时空分布有利于成虫产卵和幼虫发育

2017年夏季（6～8月），全国大部气温接近常年同期或偏高，其中西北地区东部、黄淮西北部和东南部、江淮大部等地偏高1～2℃；华北西部、西北中部和东北部、江南大部等地降水偏多20%～50%，总体气象条件有利于黏虫的发生。特别是7月13～14日和7月19～21日，东北地区出现两次较大范围降水，最强降水中心均位于吉林，具有累计降水量大、强度强、强降水区重叠度高等特点；8月6～9日，西北地区东部、黄淮南部等地出现暴雨或大暴雨天气。适宜的温度和较多的降水天气条件有利于二代成虫交配产卵和三代幼虫生长发育。另外，分析黑龙江2017年水稻上虫量较大，推测因为7月气温偏高、降水偏多，促使黏虫降落在温度稍低、湿度较大的水稻田产卵并发生为害。

（执笔人：刘杰）

2017年全国蝗虫发生概况与分析

2017年，全国蝗虫总体中等发生，传统蝗区发生平稳，全国发生面积281.87万hm²次，其中飞蝗发生113.62万hm²次，同比减少13.16%，北方农牧交错区土蝗发生168.25万hm²次，同比增加1.8%。全国累计防治面积128.17万hm²次，挽回损失27.77万t，实际损失8.51万t。亚洲飞蝗、东亚飞蝗先后在吉林农安、陕西韩城、山东安丘出现高密度点片。经有效防治，及时扑灭了复杂生境中的高密度点片，快速消除了飞蝗对农田的威胁，实现了"飞蝗不起飞成灾"的治蝗目标。

1 东亚飞蝗

2017年东亚飞蝗总体偏轻发生，全国发生面积103.51万hm²次，防治面积63.92万hm²次（图1-34）。其中夏蝗在环渤海湾、华北湖库、黄河滩区局部蝗区中等发生；秋蝗总体偏轻发生。

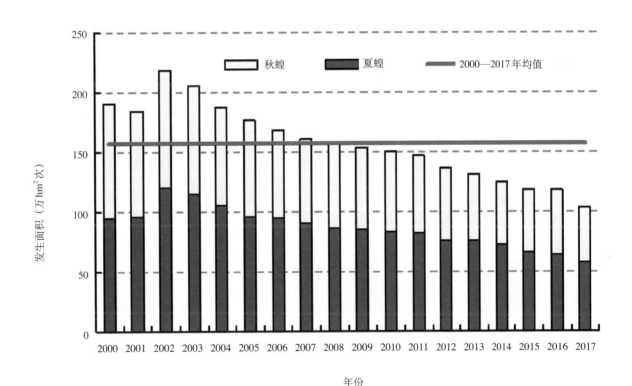

图1-34 2000—2017年全国东亚飞蝗发生情况

1.1 夏蝗

2017年东亚飞蝗夏蝗总体偏轻发生，其中河南沿黄蝗区、天津北大港、山东东营和滨州、河北沧州沿海局部中等发生。全国发生面积58.4万hm²次，比2016年减少14.49%，比近5年平均值减少19.50%；防治面积39.66万hm²次，比2016年和近5年平均值分别减少15.31%和26.69%。大部分蝗区蝗蝻密度较低，平均密度为0.43头/m²，低于近5年平均值（0.53头/m²）；蝗蝻密度在3头/m²以上的面积为1.93万hm²，比2016年和近5年平均值分别减少24.3%和41.6%（表1-10）。

1.1.1 秋残蝗面积和密度低于近年平均值

东亚飞蝗2016年秋残蝗面积50.31万hm²，分别比2015年和近5年平均值减少7.1%和12.4%；平均残蝗密度每667m² 10.15头，分别比2015年和近5年平均值减少5.1%和9.2%。虽然天津北大港，河北南大港、海兴、安新、遵化、阜平，山东东明，河南濮阳、惠济，山西芮城、永济，陕西大荔，海南东方等地发现每667m² 100头以上的高密度残蝗点片，但面积仅为5 533.3hm²，且比2015年减少23.1%，比近5年平均值减少31.6%（图1-35）。

1.1.2 越冬蝗卵密度高于2016年，越冬存活率偏高

主要蝗区春季挖卵调查，平均蝗卵密度1.77粒/m²，其中河北、天津和河南蝗区平均蝗卵密度分别为7.34粒/m²、5粒/m²和2.31粒/m²。陕西、山东蝗区平均蝗卵密度为1.94粒/m²、1.06粒/m²，其余各省蝗区平均蝗卵密度低于1粒/m²。越冬存活率平均为93%，高于2016年的89.5%和近3年的平均值92.26%。环渤海湾蝗区和沿黄蝗区蝗蝻出土始期较2016年偏早3～5d，其他蝗区偏迟2～3d，出土高峰期、三龄盛期接近常年，蝗蝻发育进度不整齐。

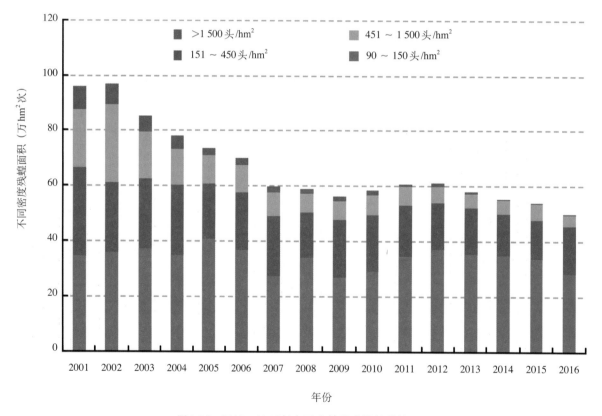

图1-35　2001—2016年东亚飞蝗秋残蝗基数情况

1.1.3 非传统蝗区高密度点片威胁农田安全

2017年8月17日，陕西韩城北潘庄村村民反映自家黄河滩地的玉米受蝗虫为害严重。18日，韩城农技中心技术人员调查确认该区域玉米种植面积约33.33 hm²，周边杂草丛生，东亚飞蝗发生面积333.33 hm²，高密度发生面积133.33 hm²，平均虫口密度8～9头/m²，高密度区虫口密度17～18头/m²。随即组织对该区域进行防治，但防效不佳。22日陕西省植保站专家组对该区域再次调查，发现玉米被

害严重，被害株率达100%的面积约13.33 hm²，飞蝗在玉米田及杂草丛出现聚集现象，聚集区面积约33.33 hm²，聚集区虫口密度100～200头/m²，非聚集区虫口密度较低，虫口密度1～5头/m²。发生地周边芦苇及杂草荒地面积较多。

2017年9月7日下午，山东省潍坊峡山生态经济开发区太保庄街道南刘家庄村发现蝗虫成虫为害。省植保站随即调查发现，受害地位于峡山水库东北角库坝外附近玉米田，东亚飞蝗平均密度3～5头/m²，最高密度100头/m²，局部点片玉米上部叶片被吃光。最终统计结果显示，东亚飞蝗造成太保庄街道西齐家屯、新庄、南刘家庄、康家屯四个村约66.67 hm²玉米受灾，其中33.33 hm²约减产20%，其余的33.33 hm²约减产30%。

表1-10　主要蝗区东亚飞蝗夏蝗发生防治情况

省份	发生面积（万hm²）	平均蝗蝻密度（头/m²）	出土始期（月/日）	出土盛期	三龄盛期	防治面积（万hm²）
河北	10.9	0.4	4/30	5月中、下旬	6月10日	5.3
山东	20.8	0.48	4/28	5月8～29日	6月2～20日	18.1
天津	2.4	0.11	5/6	5月18日	6月10日	1.1
河南	12.3	0.43	4/23	5月中旬	5月25日至6月5日	8.3
山西	1.0	0.2	4/30	5月中、下旬	6月上、中旬	0.3
江苏	3.3	0.51	4/27	5月15～20日	6月上、中旬	3.2
安徽	3.6	0.3	4/30	5月10～21日	5月26日至6月10日	1.9
陕西	3.8	0.59	5/7	5月18～24日	6月8～15日	1.3
辽宁	0.1	0.05	6/18	6月21～26日	6月29日至7月1日	0.06
广西	0.1	0.18	4/22	4月下旬至5月中旬	4月下旬末至6月中旬	0.02
海南	0.1	0.1	2/17	2017年2月25日	2017年3月11日	0.05
合计	58.4	0.43				39.66

1.2　秋蝗

秋蝗总体偏轻发生，全国发生面积47.02万hm²，防治面积29.16万hm²，主要发生特点如下。

1.2.1　东亚飞蝗残蝗基数低于2016年和近年平均值

据各蝗区统计，2017年东亚飞蝗夏残蝗面积为47.92万hm²，比2016年、近5年平均值分别减少1.6%、4.3%。其中陕西、山东分别比2016年减少8 866.7hm²和7 600hm²，广西、天津、辽宁比2016年减少1 200～3 000hm²，海南、河北分别比2016年增加5 200hm²和8 333.3hm²，安徽、江苏、河南、山西基本与2016年持平。

各主要蝗区东亚飞蝗夏残蝗基数为6 738万头，比2016年和近5年平均值分别减少7.6%和19.2%。夏残蝗密度平均为每667hm² 9.4头，低于2016年的10头，低于近5年的平均值11头。每667hm² 6～10头、31～100头和100头以上的面积分别为29.27万hm²、3.47万hm²和0.33万hm²，同比分别减少1.3%、9.2%和54.6%，比近5年均值分别减少11.7%、18.1%和48.1%。河北沧州，天津北人港，山西芮城，陕西大荔，山东沾化、东平和东明，河南荥阳、范县、灵宝、郑州惠济，广西象州，海南东方、儋州等地有每667hm² 100头以上的高密度残蝗点片（图1-36）。

1.2.2　发生面积减少，发生程度偏轻

秋蝗发生47.02万hm²，比2016年减少13.4%，比近5年平均值减少10.0%，发生面积明显减少。各蝗区蝗蝻平均密度为0.4头/m²，河南、江苏、山东蝗区最高密度为20头/m²、18头/m²、12头/m²，蝗蝻密度分布比较集中，0.2～1头/m²密度的发生面积占秋蝗发生面积的81.4%，10头/m²以上的面

积为980 hm²，低于2016年，总体偏轻发生（表1-11）。

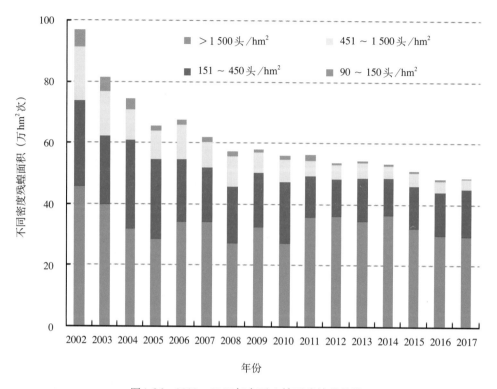

图1-36　2002—2017年东亚飞蝗夏残蝗基数情况

表1-11　主要蝗区东亚飞蝗秋蝗发生防治情况

省份	发生面积（万 hm²）	平均蝗蝻密度（头/ m²）	出土始期（月/日）	出土盛期	三龄盛期	防治面积（万 hm²）
河北	9.73	0.4	7/11	7月下旬	8月中、下旬	4.07
天津	2.27	0.12	7/2	8月1日	2017年8月16日	1.58
山东	13.47	0.34	7/5	7月下旬	8月上、中旬	9.93
河南	10.76	0.45	7/2	7月16～25日	7月30日至8月5日	6.82
山西	0.77	0.3	7/16	8月中旬	8月下旬	0.43
江苏	2.65	0.4	7/7	7月17～21日	8月上、中旬	2.91
安徽	2.99	0.3	7/5	7月10～20日	8月1～15日	1.89
陕西	3.74	0.56	7/25	8月4日	8月14日	1.39
辽宁	0.05	0.17	—	—	—	0.01
广西	0.59	0.1	8/20	8月25日至9月5日	9月6～15日	0.13
合计	47.02	0.38				29.16

1.2.3　发生期比2016年提前

大部分蝗区出土始期在7月2～11日，比2016年提前3～5d，7月中、下旬进入出土盛期，8月上、中旬开始进入3龄盛发期。

2　西藏飞蝗

总体中等发生，局部出现高密度蝗蝻点片，全国发生8.37万 hm²，防治8.2万 hm²次，低于2016

年，接近常年（图1-37）。密度较高地区主要分布在石渠县正科乡、洛须镇，德格县汪布顶乡、白垭乡、卡松渡乡，理塘县藏坝乡、喇嘛垭乡，最高密度点片分布于理塘县藏坝乡。

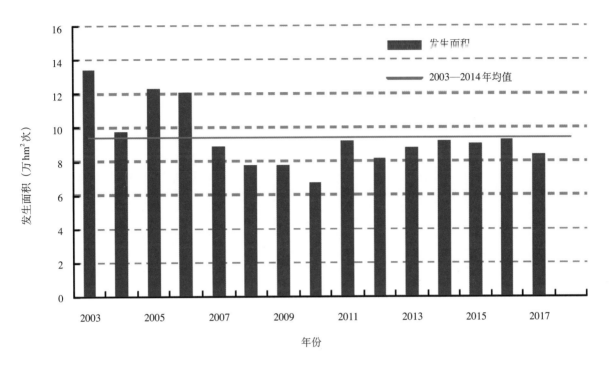

图1-37　2003—2017年全国西藏飞蝗发生情况

　　主要发生特点，一是发育进度推迟。2017年西藏飞蝗蝗蝻出土始期为5月12日、出土高峰期为6月5日、3龄高峰期为7月13日，分别比2016年晚2d、6d和3d，也晚于常年。

　　二是前期虫口密度较高。西藏飞蝗上半年平均虫口密度7.6头/m^2，是2016年的2.2倍，但比近5年平均值低8.4%。理塘县藏坝乡等区域出现了高密度点片，最高密度55头/m^2，与近5年同期相比，属于第三高年份；后期虫口密度下降，全年平均虫口密度3.2头m^2，接近常年。

　　三是高密度蝗蝻发生面积扩大。四川蝗区虫口密度平均为3.2头/m^2，略低于2016年的3.4头/m^2，高于2015年的3.1头/m^2，10头/m^2以上的面积为1.15万hm^2，比近3年平均值增加了1.6倍（表1-12）。

表1-12　2014—2017年四川甘孜藏族自治州西藏飞蝗发生情况

年份	发生程度	发生面积（万hm^2）	不同虫口密度（头/m^2）的发生面积(万hm^2)					发生密度（头/m^2）	
			0.2~1.0	1.1~3.0	3.1~6.0	6.1~10	>10	平均	最高
2014	3	8.21	1.30	2.23	2.87	1.31	0.49	5.3	300
2015	3	8.07	2.50	1.70	2.26	1.21	0.40	3.1	79
2016	3	8.11	2.51	1.70	2.27	1.22	0.40	3.4	45
2017	3	8.34	0.86	1.81	2.15	2.37	1.15	3.2	66

3　亚洲飞蝗

　　亚洲飞蝗在吉林农安偏重发生，新疆阿勒泰、吐鲁番、喀什等农牧交错区轻发生，全国发生面积2.58万hm^2，比2016年增加47%，防治面积0.99万hm^2，侵入农田面积3 346.7 hm^2，蝗蝻平均密度0.04

头/m²，吉林农安出现高密度蝗蝻点片，发生面积0.23万hm²，高密度发生区773.33hm²，平均虫口密度为50～60头/m²，高密度区虫口密度为100～200头/m²，最高密度达1000头/m²。新疆农牧交错区一般密度为0.02～0.3头/m²，最高密度为6头/m²（表1-13）。

主要发生特点，一是残蝗基数偏高。亚洲飞蝗2016年残蝗面积1.9万hm²，比2015年增加了33.2%，平均残蝗密度每667m²为3.3头，比2015年增加17.9%，略高于近3年平均值。越冬死亡率4.9%，低于2016年的5.8%，高于近3年平均值4.2%。

二是局部地区蝗蝻密度高，生境复杂。2017年6月28日16时，农安县植物保护植物检疫站在农安县万顺乡平山村发现有大量亚洲飞蝗栖息在元宝洼附近的荒地和芦苇丛中。经过多次调查核实，本次亚洲飞蝗高密度蝗蝻点片，发生区域总面积约0.23万hm²，高密度发生区0.08万hm²，各龄蝗蝻均有发生，4龄蝗蝻占70%左右，3龄蝗蝻占15%，5龄蝗蝻占10%，其他龄期占5%左右；平均虫口密度为50～60头/m²，高密度区虫口密度100～200头/m²，最大密度达1000头/m²以上。发生地位于农安县万顺乡与农安镇接壤的元宝洼泡子芦苇塘和荒地，内部生境复杂，人员稀少，零星分布畜、禽、渔养殖，防治上常用的菊酯类农药无法大面积使用，应急防控措施难以立即开展。同时发生地周围是大片玉米田，正值玉米拔节期，3～4龄蝗蝻短时间内将羽化为成虫，转移为害潜在威胁大。全国亚洲飞蝗发生情况见图1-38。

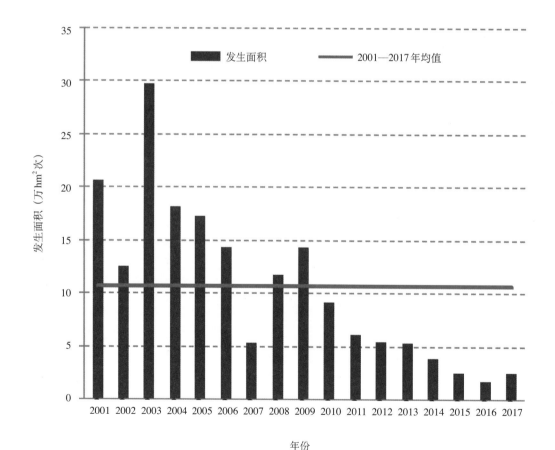

图1-38 2001—2016年全国亚洲飞蝗发生情况

表1-13　新疆主要蝗区亚洲飞蝗发生情况

地区	发生程度	发生面积（万hm²）	侵入农田面积（hm²）	达标面积（hm²）	不同虫口密度（头/m²）的发生面积（万hm²）					发生密度（头/m²）	
					0.2～1.0	1.1～3.0	3.1～6.0	6.1～10	>10	平均	最高
阿勒泰地区	—	—	—	—	—	—	—	—	—	—	—
吐鲁番市	1	1.2	1.2	1.2	1.2	0	0	0	0	0	3
塔城市	1	0.6	0	0	0.4	0.21	0	0	0	0	1
哈巴河市	1	0	0	0	0.03	0	0	0	0	0	0
吉木乃县	—	—	—	—	—	—	—	—	—	—	—
阿克苏地区	—	—	—	—	—	—	—	—	—	—	—
塔城地区	1	7.5	2.1	2.1	7.5	0	0	0	0	0	1

4　北方农牧交错区土蝗

总体中等发生，全国发生面积203.23万hm²，比2016年减少6.93%，防治面积39.1万hm²，比2016年减少31.86%（表1-14）。

表1-14　主要省份北方农牧交错区土蝗发生情况

地区	发生程度（级）	发生面积（万hm²）	虫口密度（头/m²）		重点发生区域
			一般	最高	
内蒙古	3	50.07	4.95～10.58	38	包头市达茂旗；呼和浩特市武川县；乌兰察布市察右后旗、察右中旗；锡林郭勒盟南部旗县；赤峰市北部旗县
山西	3	21.82	4.8～6.5	48	大同、朔州、忻州、吕梁、太原
河北	2	28.33	3～13	200	张家口、承德两市的坝上农牧交错区、坝下丘陵山地
辽宁	2	22.27	1.3	20	鞍山、本溪、抚顺、阜新、盘锦、朝阳、葫芦岛、锦州、沈阳、铁岭
吉林	3	3.16	2～9	60	东丰、柳河、乾安
黑龙江	3	27.89	5.2～6	117	大庆、齐齐哈尔
陕西	3	14.63	2～6.7	89	榆林、延安、渭南
新疆	3	35.07	10～45	591	伊犁哈萨克自治州察布查尔县、巩留县、新源县，博尔塔拉蒙古自治州温泉县
新疆生产建设兵团	—	—	—	—	—

主要发生特点，一是发生面积持续缩减。近年来，北方农牧交错区土蝗发生面积呈现缩减趋势，已连续4年持续减少。

二是残蝗面积减少，密度偏高。2016年土蝗残蝗面积112.99万hm²，比2015年和近3年平均值分别减少24.6%和34.5%，平均残蝗密度每667m²为916.9头，比2015年增加30.6%，略低于近年平均值。越冬卵死亡率9.5%，低于2016年的14.5%和近3年平均值10.9%。

三是虫口密度偏低，局部出现高密度蝗蝻点片。主要蝗区蝗蝻密度一般为3～13头/m²，局部地区出现高密度点片。内蒙古锡林郭勒盟、呼和浩特市武川县、察哈尔右翼后旗最高密度分别为165头/m²、100头/m²、70头/m²。新疆伊犁哈萨克自治州察布查尔锡伯自治县5月3日出现意大利蝗蝻高密度点片，平均密度591头/m²，高密度区2 000～3 000头/m²。5～6月，伊犁哈萨克自治州巩留县、博尔塔拉蒙古自治州温泉县、伊犁哈萨克自治州新源县农牧交错区出现100～600头/m²的高密度蝗蝻点片，威胁农田安全。

5 2017年3次飞蝗高密度点片发生原因分析

5.1 自然生境复杂，人为干预减少，形成飞蝗滋生地

2017年发生的3个飞蝗高密度点片，自然生境均比较复杂，人员活动较少，生态环境改造面积小。如吉林农安发生区域位于水泡子芦苇塘和荒地，自6月下旬开始，吉林全省气温偏高，降水偏少，部分沼泽湖库水位降低，沼泽退水后地表裸露，周边芦苇塘及杂草荒地环境干旱，为亚洲飞蝗发生、滋生和扩散创造了有利条件。陕西韩城发生区域内受近年来黄河水位下降影响，芦苇及杂草荒地面积受逐年扩大，山东潍坊峡山水库区出于保护引用水源的原因禁止入内，自然环境人为干预少、连续干旱导致多个地方水底裸露，寄主植物生长茂盛，形成东亚飞蝗的适生地。复杂的生境为飞蝗的繁殖提供了有利的条件，长期免受人为干预导致飞蝗发生区域内虫卵积累，遇到合适气候条件虫源基数迅速升高。

5.2 旱后降水突增、压缩生存空间促使集聚为害

长期的干旱导致飞蝗虫源基数增多，2017年高密度点片发生区域内降水量突然增多，飞蝗生存空间急剧减少，聚集为害。如陕西韩城蝗区6月及7月上、中旬，气温偏高，降水偏少，黄河水位较低，周边芦苇及杂草荒地面积扩大，为东亚飞蝗繁殖发生提供了有利条件，8月下旬降水量增多导致黄河出现高水位，将河中鸡心滩和河边的蝗虫驱赶至周围其他地方，导致蝗虫出现聚集现象，故出现高密度蝗虫点片。山东潍坊峡山水库近4年持续干旱，导致水位严重下降，大面积库底裸露，形成滩涂，荒草丛生，大量适宜蝗虫取食的寄主植物生长茂盛，形成飞蝗滋生地；进入汛期后，该区域降水较多，水库水位上升，特别是8月中旬上游水库泄洪，导致峡山水库水位快速上涨，水面淹没大面积滩涂，压缩了蝗虫生存空间，迫使蝗虫迁移到库坝外附近农田，致使农田突发灾情。

5.3 存在监测盲点，监测力量薄弱

2017年飞蝗高密度点片发生区历史上不是重点蝗区，没有进行系统调查和冬季查卵，有些地方客观条件也不允许进行排查。比如吉林农安近20年只出现过一次高密度点片，并且发生地与本次不同，本次高密度点片发生区域为水泡子地，大片区域人员无法进入，无法进行监测调查。山东峡山水库由于水源地保护的原因，人员禁止进入，更加无法进行监测调查。

（执笔人：杨清坡）

全国农作物重大病虫害
趋势预报评估

2017年水稻病虫害预报评估

为进一步提高水稻病虫预测预报的准确性，准确发布病虫情报，我们对2017年发布的病虫情报进行综合评估，及时总结预报发布的经验与不足，以期为今后的预测预报工作积累经验。

1 2017年水稻病虫情报发布概况

2017年共发布水稻病虫情报9期，包括预测2017年全国水稻重大病虫发生趋势、预测早稻和中晚稻病虫发生趋势的长期预报3期，早中晚稻水稻生长期间水稻病虫害发生动态的预警情报6期。具体如下：

1.1 长期预报发布概况

2017年共发布长期预报3期，包括《2017年全国水稻重大病虫发生趋势预报》《全国早稻主要病虫害发生趋势预报》《中晚稻主要病虫害发生趋势预报》，这3期预报是组织水稻主产省的测报技术人员和有关专家现场会商，并结合水稻病虫基数、栽培条件和气候条件等因素，对水稻病虫害主要病虫发生趋势做出的预报。《2017年全国水稻重大病虫发生趋势预报》预计2017年水稻病虫害将呈偏重发生态势，发生面积9 266.6万 hm² 次。其中，虫害发生面积6 333.3万 hm² 次，病害发生面积2 933.3万 hm² 次。发生特点：一是"两迁"害虫局部重发；二是水稻螟虫回升态势明显；三是稻瘟病、细菌性病害流行风险大。《全国早稻主要病虫害发生趋势预报》预计2017年早稻病虫害呈偏重发生态势，发生面积2 106.7万hm²次。其中，虫害以稻飞虱、稻纵卷叶螟和二化螟为主，发生面积1 440万hm²次；病害以稻瘟病、稻纹枯病为主，发生面积666.7万hm²次。《中晚稻主要病虫害发生趋势预报》预计中晚稻主要病虫害总体呈偏重发生态势，发生面积6 953.3万hm²次。其中，虫害发生面积4 633.3万hm²次；病害发生面积2 320万hm²次。

1.2 短期情报发布概况

2017年在早中晚稻水稻生长期间共发布水稻病虫害发生动态的短期情报6期，其中早稻生长期间发布3期，中晚稻生长期间发布3期。

早稻生长期间，4月28日，根据二化螟冬后基数高、灯下诱蛾量多、抗药性上升速度快，以及未来天气趋势等综合预判，一代二化螟在江南稻区呈大发生态势。提醒各地高度重视，加强监测，及时发布病虫情报，及早落实防控措施，严防一代二化螟暴发成灾。5月31日，总结通报5月水稻重大病虫发生情况，总体较2016年同期偏轻，同时考虑到6月上、中旬华南和江南地区降水较前期有所增强，温湿条件利于水稻病虫发生，故发布一期情报提醒各地保持警惕，密切关注田间发生动态，适期指导农民开展防治。6月14日，在南方早稻陆续进入破口抽穗的关键时期，及时总结通报水稻病虫发生动态，并结合当时南方稻区出现的明显降水过程，提醒各地植保部门加强监测，根据病虫害发生情况和防治指标科学指导防治工作开展。

中晚稻生长期间，8月4日，据各地监测，稻飞虱在江南稻区田间虫量同比偏高，在长江中下游稻区局部短翅型成虫多；稻纵卷叶螟在江南稻区蛾量、幼虫量同比偏高；稻瘟病在华南、江南晚稻和长江中下游单季稻局部感病品种发生较重。据此结合下阶段华南中西部、西南东部、江南、江淮和东北稻区有明显降水过程的天气趋势预判，水稻病虫害的发生发展速度加快，尤其是"两迁"害虫在江南和长江中下游稻区、稻瘟病在东北稻区有重发流行风险。提醒各地加强监测，及时准确发布病虫情报，切实做好防控指导工作。9月1日，根据稻飞虱在江南稻区、稻纵卷叶螟在江南和长江下游局部稻区偏重发生的实际情况，结合天气趋势预判，下阶段华南、江南北部、江淮和江汉将有明显降水过程的天气利于"两迁"害虫的发生和繁殖；台风"玛娃"的登陆可能导致"两迁"害虫在局部地区出现大规模的集中迁入，同时有利于细菌性病害的进一步蔓延。提醒各地继续加强监测，全面掌握病虫发生动态，及时准确发布病虫情报，切实做好防控指导工作。9月21日，总结通报中晚稻重大病虫发生动态，分析预判下阶段华南南部和江南东部有明显降水过程的天气趋势将有利于"两迁"害虫回迁降落和病害的进一步扩展。提醒各地因地制宜，查漏补治，做到"秋粮一天不到手，防控一天不放松"，全力争取秋粮丰收。

2 预报准确率分析评估

根据"农作物有害生物预测准确率综合评定方法"标准，综合评估预报的准确率从发生程度和发生面积两方面进行，并对导致预报偏差的原因进行分析，具体如下：

2.1 发生程度评估

根据"农作物有害生物预测准确率综合评定方法"标准，长期预报发生程度误差±1级，准确率为100%；误差±2级，准确率为80%；误差±3级，准确率为60%；误差±4级，准确率为40%；误差±5级，准确率为20%。以此为依据，计算2017年长期情报发生程度预报准确率（表2-1）。从发生程度预报误差来看，实际发生程度与预报发生程度相比，2017年水稻螟虫、纹枯病长期预报误差为0；稻飞虱、稻纵卷叶螟和稻瘟病长期预报误差为1级。从发生程度准确率来看，根据"农作物有害生物预测准确率综合评定方法"标准，稻飞虱、稻纵卷叶螟、二化螟、稻纹枯病、稻瘟病准确率均为100%。

表2-1　2017年水稻病虫长期发生程度预报准确率统计

病虫种类	全年水稻病虫发生趋势预报			早稻病虫发生趋势预报			中晚稻病虫发生趋势预报		
	预测值（级）	实际值（级）	准确率（%）	预测值（级）	实际值（级）	准确率（%）	预测值（级）	实际值（级）	准确率（%）
病虫害合计	4	3	100	4	3	100	4	3	100
稻飞虱	4	3	100	3～4	3	100	4	3	100
稻纵卷叶螟	3	3	100	3	2	100	3	3	100
二化螟	4	4	100	4	4	100	3	3	100
稻纹枯病	4	4	100	4	4	100	4	4	100
稻瘟病	3	2	100	3	2	100	3	2	100

2.2　发生面积评估

按照《农作物有害生物测报技术手册》中"农作物有害生物预测准确率综合评定方法"，以发生面积预测误差（即预测发生面积与实际发生面积的差值占实际发生面积的百分率）作为衡量标准，当长期预测的误差小于25%时，准确率为100%；误差为25%～35%时，准确率为90%；误差为35%～45%时，准确率为80%；误差为45%～55%时，准确率为70%；误差为55%～65%时，准确率为60%；误差为65%～75%时，准确率为50%。以2017年全国植保专业统计资料中水稻病虫害发生面积作为实际发生面积，计算出全年、早稻、中晚稻病虫预报的预测误差及准确率（表2-2）。从发生面积评估结果看，稻纹枯病预报准确率均为100%；稻飞虱、二化螟稻纵卷叶螟、稻瘟病预报准确率分别为80%～100%、70%～100%、90%～100%、50%～80%。

表2-2　2017年水稻病虫长期发生面积预报准确率统计

病虫种类	全年水稻病虫发生趋势预报				早稻病虫发生趋势预报				中晚稻病虫发生趋势预报			
	预测值（万hm²）	实际值（万hm²）	预测误差（%）	准确率（%）	预测值（万hm²）	实际值（万hm²）	预测误差（%）	准确率（%）	预测值（万hm²）	实际值（万hm²）	预测误差（%）	准确率（%）
病虫害合计	9 266.7	8 042.4	15.2	100	2106.7	1 872.3	12.5	100	6 953.3	6 170.1	12.7	100
稻飞虱	2 633.3	1 968.4	33.8	90	480.0	493.9	-2.8	100	2 066.7	1 474.5	40.2	80
稻纵卷叶螟	1 733.3	1 381.0	25.5	90	400.0	274.7	45.6	70	1 266.7	1 106.4	14.5	100
二化螟	1 800.0	1 413.9	27.3	90	446.7	374.5	19.3	100	993.3	1 039.4	-4.4	100
稻纹枯病	1 766.7	1 636.0	8.0	100	486.7	465.5	4.5	100	1 333.3	1 170.4	13.9	100
稻瘟病	4 66.7	340.0	37.3	90	100.0	69.1	44.6	80	453.3	270.9	67.4	50

2.3　偏差原因分析

从发生程度和发生面积两方面的评估结果均显示，二化螟和稻纹枯病这两种常发性病虫预测准确率均为90%～100%，而稻飞虱和稻纵卷叶螟这两种迁飞性害虫和稻瘟病这一典型的气候型病害准确率有一定偏差。为进一步提高准确率，缩小预测误差，现针对预测准确率有偏差的稻飞虱、稻纵卷叶螟和稻瘟病进行原因分析。

稻飞虱迁入峰期偏晚，前期迁入量偏少，中等发生，预测与实际相符，后期因6月22日至7月2日，南方稻区出现了持续11d的强降雨天气，暴雨冲刷不利于稻飞虱的积累；7月，江汉西部和东南部、江淮、江南大部、四川东部等地高温日数达11～15d，江淮南部、江南大部达16～25d；8月，四川盆地东部、江南大部出现持续高温天气，日最高气温≥35℃普遍有11～20d，部分地区达21～28d，高温干旱的气象条件不利于稻飞虱的发生繁殖，故造成中晚稻稻飞虱实际发生程度为中等发生，比预测值偏轻1级，实际发生面积低于预测面积。

稻纵卷叶螟迁入峰期晚，前期迁入虫量少，根据越南植保局提供的信息，稻纵卷叶螟在越南北部的发生面积是2016年同期的159倍，故预测稻纵卷叶螟在早稻上中等发生。但通过研究分析2011—2016年中越两国的稻纵卷叶螟发生面积和诱蛾量相关性得知，越南北部稻纵卷叶螟与中国早稻上的稻纵卷叶螟发生关系没有明显的相关性，所以预测发生程度比实际偏重1级，预测的发生面积也明显超出实际发生面积。

2017年稻瘟病总体偏轻发生，局部偏重发生，实际发生程度比预测程度偏轻1级，预测面积比实际发生面积偏多41.4%。从不同稻区发生情况分析，华南和江南早稻、长江中下游和东北单季稻区及时防控后，稻瘟病发生偏轻，防控不力或漏防田块发生程度重于2016年，所以及时有效防控是稻瘟病发生面积减少的主要原因之一；华南、江南中晚稻和西南单季稻区受7～8月高温干旱天气影响，稻瘟病受到明显抑制，发生面积小，加上9月华南和江南晚稻区降水偏少，不利于穗颈瘟的发生，所以天气条件是该稻区稻瘟病发生面积减少的主要原因之一。综合分析，近年来稻瘟病发生相对突出，各级植保机构都非常重视稻瘟病的监测防控工作，如监测到合适气候条件就会及时指导农民防控，有效控制了稻瘟病的大面积流行。

（执笔人：陆明红）

2017年小麦病虫害预报评估

1 预报概况

2017年，根据小麦重大病虫害发生发展情况，特别是小麦条锈病大发生态势，全年共发布小麦重大病虫害预报11期（表2-3）。其中，小麦条锈病动态及趋势预报6期、小麦赤霉病预警1期，较好地指导了小麦重大病虫害防控。

表2-3 2017年全国小麦病虫情报发布情况

序号	情报标题	发布时间
1	2017年全国农作物重大病虫害发生趋势预报	2017年1月5日
2	河南和湖北小麦条锈病见病早范围大	2017年1月5日
3	2017年全国小麦主要病虫害发生趋势预报	2017年1月11日
4	小麦条锈病冬繁区域广病情扩展快	2017年1月19日
5	小麦条锈病冬繁动态及发展趋势	2017年2月16日
6	当前小麦条锈病发生动态	2017年3月3日
7	当前小麦主要病虫害发生动态	2017年3月17日
8	2017年全国小麦中后期主要病虫害发生趋势预报	2017年4月10日
9	小麦赤霉病发生趋势预报	2017年4月10日
10	当前东部主产麦区小麦条锈病扩展速度加快	2017年4月20日
11	黄淮海麦区小麦条锈病进入快速扩展蔓延期	2017年5月4日

2016年12月8～9日全国农业技术推广服务中心在广东省广州市召开了2017年全国农作物重大病虫害发生趋势会商会，与会专家根据小麦病虫冬前基数，结合小麦品种布局及长势和天气预报等因素会商分析，2017年1月5日发布了《2017年全国小麦主要病虫害发生趋势预报》，对2017年小麦重大病虫发生趋势进行了预报。2017年4月6～7日，为准确预报小麦中后期重大病虫害发生趋势，全国农业技术推广服务中心在山东省济南市召开全国小麦中后期病虫发生趋势会商会，来自全国小麦主产省（自治区、直辖市）的测报技术人员和科研教学单位的植保、气象方面的专家，在病虫害发生基数、品种布局及生长情况的基础上，结合未来天气趋势等因素综合分析，预计2017年全国小麦中后期病虫害总体呈重发态势，发生程度重于常年。据此，2017年4月10日发布了《2017年全国小麦中后期病虫发生趋势预报》。

除了上述长期预报外，针对2017年小麦条锈病大流行的态势，不仅在常年关键节点发布情报，而且及时滚动发布了小麦条锈病发生动态及发展趋势，及时提醒各地加强病害调查监测，对于促进各地病情交流、指导病害防控起到了很好的信息服务作用。小麦赤霉病是目前小麦生产上最受关注的病害，为指导各地做好小麦赤霉病预防，2017年4月10日全国农业技术推广服务中心发布了小麦赤霉病发生趋势预报，对全国小麦赤霉病发生趋势、重发范围等作出了预报。

2 预报评估

总体看，2017年对小麦病虫害发生程度和发生面积的预报准确率较高，发生程度、面积的预报准确性分别在95%和80%以上，特别是对小麦病虫害整体发生程度和面积的把握还是比较准确的，但在小麦赤霉病、小麦条锈病的预报上误差较大（表2-4、表2-5）。

表2-4 2017年小麦病虫害发生程度预报准确率评估

病虫种类		全年实际发生程度	跨年长期预报			中后期长期预报		
			预报程度（级）	误差（级）	准确率（%）	预报程度（级）	误差（级）	准确率（%）
病害	赤霉病	3	4	1	100	5	2	80
	条锈病	5	3	2	80	4	1	100
	白粉病	3	4	1	100	3	0	100
	纹枯病	3	4	1	100	4	1	100
虫害	蚜虫	4	4	0	100	5	1	100
	吸浆虫	2	2	0	100	2	0	100
	麦蜘蛛	3	3	0	100	—		100
	地下害虫	2	3	1	100	3	0	100
平均		—	—	—	97.5			97.5

表2-5 2017年小麦病虫害发生面积预报准确率评估

病虫种类		全年实际发生面积（hm²）	跨年长期预报			中后期长期预报		
			预报面积（hm²）	误差（%）	准确率（%）	预报面积（hm²）	误差（%）	准确率（%）
病害	赤霉病	330.98	666.67	101.42	20	733.33	121.56	20
	条锈病	858.95	200	76.72	40	350.67	59.17	60
	白粉病	608.43	800	31.49	90	757.33	24.47	100
	纹枯病	855.48	866.67	1.31	100	912.67	6.69	100
虫害	蚜虫	1 526.83	1 666.67	9.16	100	1 574.67	3.13	100
	吸浆虫	109.7	153.33	39.77	80	173.33	58.00	60
	麦蜘蛛	584.9	600	2.58	100	657.33	12.38	100
	地下害虫	428.72	400	6.70	100	691.34	1.03	100
合计		5 864.38	6 400	9.13	100	6 587.33	12.33	100
平均		—	—	—	81.1	—	—	82.2

对于小麦纹枯病、蚜虫、麦蜘蛛、地下害虫等以本地病虫源为主的病虫害，预报准确率基本稳定在100%，说明在一般年份，以近年来的发生态势为基准，结合当年病虫发生基数和气候情况的预测是相对可行的。

对于大区流行性病害，如小麦条锈病，全年长期预报一般是以西北秋苗主发区的菌源量，豫南、江汉麦区及西南冬繁区始见期早晚和见病范围为主要预测依据。2016年秋季，条锈病秋苗发生面积小、总体病情偏轻。甘肃、宁夏、陕西等西北秋苗主发区发生面积12.67万hm²，是2001年以来最小的一年，但河南和湖北12月中、下旬始陆续见病，发病明显偏早、病点偏多。所以在跨年长期预报中，预计小麦条锈病预报程度和面积应该不会超过近5年平均值。但由于冬季气温异常偏高、田间湿度大等有利于发病的因素影响，小麦条锈病在豫南、鄂北及江汉平原、西南、西北麦区呈发病早、范围广、扩展快、发生重的特点，1月中旬湖北和河南病情与早春3～4月相当，扩展时间之早、范围之广、速度之快、程度之重，为历史同期罕见，随后连续发布多期小麦条锈病发生动态和发展趋势预报，作出小麦条锈病重发态势明显的预报，对于提醒各地加强调查监测和组织防控发挥了很好的作用。

气候型流行性病害，如小麦赤霉病，受气候因素影响比较大。全年预报主要根据田间菌源量、品种抗性布局以及长期天气预报，不确定性因素比较大。依据菌源量和天气条件，认为赤霉病流行影响条件与2016年相比较不利，发生面积应低于2016年和近5年平均值，但是近年来赤霉病持续重发、长期天气预报存在一定的不确定性，所以预报发生程度和面积维持在近年的平均水平，略偏高。4月中旬的长期预报是根据4～5月常发区降水预报结果，认为条件更适合，所以比跨年预测调增了赤霉病流行面积。从经验看，由于小麦赤霉病连年维持重发，常发区菌源量充足，病害流行范围主要取决于抽穗扬花期降水情况，降水偏多年份赤霉病一般会严重流行。而2017年小麦抽穗扬花期与各地降水过程吻合度不是很高，造成赤霉病没有流行起来。应利用现代物联网技术，提前预报小麦扬花时间和子囊壳成熟释放子囊孢子的时间，实现更精细的预报，以指导防控，避免大面积预防带来的"过防"问题，减少防治次数。

对小麦吸浆虫的预报误差也比较大，准确性只有60%～80%。小麦吸浆虫自2002年发生265.5万 hm^2 后，近年来吸浆虫在常发期呈逐年下降的趋势，2016年降低到130.67万 hm^2，大部分麦区虫口密度明显下降。2016年秋季淘土调查，各地平均每样方虫量在2头以下，与常年和2015年同期相比，大部分麦区减少15%～65%，2017年发生面积一般应低于2016年，但仍有部分地区局部田块虫口密度较高。综合考虑各地意见，预报面积为153万 hm^2。春季淘土调查，各地平均每样方虫量在6头以下，大部分地区比2016年和常年有所增加。为此，在全年预报的基础上对吸浆虫发生面积进行了调增。

（执笔人：黄冲）

2017年玉米病虫害预报评估

2017年共发布玉米预报9期，其中包含黏虫发生趋势预报和发生动态情报4期。利用玉米病虫害植保统计资料，将2017年度玉米病虫害预报结果与当年玉米病虫害发生实际情况的相比较，对每期预报的发生程度、发生面积、发生期预测的准确程度按照《农作物有害生物测报技术手册》中农作物有害生物预测准确率综合评定方法做出评价，分析预报准确或存在偏差的原因，有助于提升今后玉米病虫害预报准确率。

第6期病虫情报《2017年全国玉米重大病虫害发生趋势预报》，据全国农业技术推广服务中心会同科研、教学和推广单位专家分析预测，结合玉米病虫基数、种植制度以及气候条件综合分析，在2017年1月做出《2017年全国玉米主要病虫害发生趋势预报》。该情报预测2017年全国玉米病虫害呈偏重发生态势，预计发生面积7 333万hm²次，虫害发生5 400万hm²次，病害发生1 933万hm²次。实际病虫害发生6 528万hm²次，虫害发生5 014万hm²次，病害1 514万hm²次，按照《农作物有害生物测报技术手册》中农作物有害生物预测准确率计算标准（长期）来看，病虫发生总面积预测准确率为100%，病害发生面积预测准确率100%，虫害发生面积预测准确率90%，发生程度预测准确率为100%。

第23期病虫情报《一代黏虫蛾峰早、蛾量大，二代存在暴发的风险》，是在5月下旬江苏、山东、河北等地盛发期早、蛾量大，部分站点出现日诱蛾几万头的高峰的情况下，做出的二代黏虫发生情况预警。5月底、6月初山东长岛高空测报灯累计诱集黏虫成虫突然大量增多，3台灯共诱蛾3.7万头，5月累计诱虫量为2012—2016年同期平均值的36倍，江苏姜堰6月1日单日诱蛾量上万头，为历年同期罕见。针对局部地区黏虫见虫早、蛾量突增、雌雄比适宜暴发的严峻态势，全国农业技术推广服务中心要求各地加强监测，搞好田间卵和幼虫调查，密切注意黏虫发生动态，及时发布虫情预报，避免出现大面积集中为害。

第24期病虫情报《一代玉米螟发生趋势预报》，是以玉米主产区玉米螟冬后百杆活虫数作为基数，结合玉米种植和生长情况，以及6月天气条件预测等因素综合分析做出的。从实际发生情况来看，年底各省（自治区、直辖市）统计一代玉米螟实际发生面积之和为786万hm²，预报发生面积933.3万hm²，发生面积误差18.7%，准确率为90%。一代玉米螟发生范围和羽化盛期的推测与实际情况基本吻合。推测发生面积减少原因主要是各地大力推广秸秆粉碎还田措施，东北等玉米主产区玉米螟基数下降明显，加上一代玉米螟防控到位，所以实际发生面积小于预期，呈现逐年减轻的趋势。

第25期病虫情报《二代黏虫发生趋势预报》，分析2017年江淮和黄淮麦区一代黏虫成虫数量高，东北大部和华北部分地区迁入量大，且东北多地见二代卵高峰，部分地区查见低龄幼虫，结合天气条件，预计二代黏虫总体偏重发生，东北局部地区会出现高密度集中为害，为害程度轻于重发的2012年和2013年，重于2014—2016年，全国发生面积233.3万hm²，幼虫发生盛期在6月下旬至7月上旬。年底统计实际发生面积229.7万hm²，发生面积预测值与实际误差仅为1.5%，准确率为100%，发生程度和防治适期预测与实际情况一致，重发区域除了东北局部外，还有河南、山东、陕西、云南等地局部高密度田块，推测一代成虫除向东北迁飞外，仍有大量留在黄淮地区或者向西北迁飞。

第26期病虫情报《二点委夜蛾发生趋势预报》，根据2017年二点委夜蛾一代成虫蛾量小于2016年和大发生年份同期，6月中、下旬气候条件总体不利，预计2017年二点委夜蛾在安徽北部、河南和河北大部中等发生，黄淮海其他地区为偏轻发生，全国发生面积为86.7万hm²，幼虫为害高峰为6月下旬至7月上旬。从全年发生实际情况看，发生面积74.3万hm²，误差率16.7%，发生面积准确率90%。

第32期病虫情报《2017年三代黏虫发生趋势预报》，根据二代黏虫发生面积大、局部虫量高，7月中旬东北、华北、黄淮大部地区出现二代黏虫蛾峰，但峰值相对较低，东北大部和黄淮部分站点诱蛾量高于2016年同期，结合近期和未来气象因素，预计三代黏虫总体偏轻发生，不会出现大面积暴发成灾的情况，发生面积为100万hm²，黄淮和东北局部地区蛾量高、杂草多、湿度大地块会出现高密度集中为害，幼虫为害盛期在7月底至8月中旬。实际三代黏虫发生面积为106.7万hm²，黑龙江南部、吉林中西部、内蒙古东部和西部、山西南部、陕西北部、宁夏中东部，以及山东威海和天津静海等地局部出现高密度集中为害田块。重发区域中黄淮和东北局部吻合，西北局部地区重发估计不足，以后应加强西北地区二代成虫监测，提高三代黏虫预报准确率。

第34期病虫情报《玉米中后期病虫害发生趋势预报》，是20个玉米主产省（自治区、直辖市）的测报技术人员和玉米产业体系专家在总结玉米前期病虫害发生情况的基础上，根据玉米病虫害发生基数、玉米耕作栽培方式及品种布局，结合气候趋势预测等因素综合分析，对2017年玉米中后期病虫发生趋势做出了预测。预测三代玉米螟在河南、安徽偏重发生，在其他地区偏轻至中等发生，发生487万hm²；三代黏虫在东北、华北、黄淮、西南、西北总体偏轻发生，辽宁、吉林、黑龙江、内蒙古、山东、陕西、山西、河南、云南局部中等发生，其中部分蛾量高、气候适宜的地区有出现高密度田块的可能，发生100万hm²；大斑病在东北东部偏重发生，东北中西部、华北北部中等发生，发生413万hm²；南方锈病在黄淮南部等地有偏重发生的可能，发生300万hm²。实际三代玉米螟在黄淮局部重发生，发生463万hm²，发生程度准确率100%，发生面积准确率100%；三代黏虫总体中等发生，在东北、华北、西北局部偏重发生，全国发生面积106.7万hm²，重发区域判断基本准确，发生面积准确率100%；大斑病总体中等发生，在东北、华北局部偏重发生，全国发生面积352.3万hm²，发生程度准确率100%，发生面积准确率90%；南方锈病在黄淮海大部偏轻发生，全国发生226.3万hm²，发生程度准确率100%，发生面积准确率80%。

第36期病虫情报《北方部分地区出现三代黏虫集中为害》，是在三代黏虫在东北、华北和黄淮北部大部地区已进入发生盛期的关键时候发布的，自7月底开始，三代黏虫在西北、东北、黄淮、华北地区陆续发生，截至8月7日，11个省（自治区、直辖市）发生面积为58.7万hm²，发生面积大于2016年同期。田间以3龄以上高龄幼虫为主，多在谷子、玉米、水稻田和果园发生，尤其以杂草多、湿度大、管理差的田块为害较重。其中黑龙江南部、吉林中西部、内蒙古西部、山西南部、陕西北部、宁夏中东部，以及山东威海和天津静海等地局部出现高密度和集中为害田块。依据历期推算，当时预计三代黏虫幼虫为害期会持续到8月20号左右。8月10日至8月20日，黄淮南部、华北东部、东北地区等地降水较常年同期偏多30%～60%，对黏虫发生为害有利。针对三代黏虫隐蔽为害、集中暴发的特点，提醒各地植保机构要组织人员深入大田普查，了解严重发生区域，随时报告虫情，及时发布虫情动态和防治适期预报，对发生密度较大的地块立刻开展防治，力争将三代黏虫的危害降到最低，努力保障秋粮丰收。

第37期病虫情报《当前玉米重大病虫害发生动态》，是在9月初发布的一期玉米病虫害发生动态，各地玉米大多处于灌浆期至蜡熟期，各类玉米病虫害总体中等发生，发生面积3 200万hm²，以玉米螟、棉铃虫、蚜虫、大斑病、小斑病、南方锈病、褐斑病等病虫发生为主，并按病虫种类分别总结了田间发生程度、虫口密度、病害发生情况等内容。

（执笔人：刘杰）

2017年油菜菌核病预报评估

1 预报发布概况

2017年共发布全国油菜病虫害发生趋势预报2期，即3月12日发布的《当前油菜主要病虫害发生动态及趋势预报》、3月22日发布的《当前油菜菌核病发生动态及趋势预报》，预报的对象有油菜菌核病、油菜霜霉病、油菜蚜虫、油菜病毒病等主要病虫害。第10期情报《当前油菜主要病虫害发生动态及趋势预报》分析了3月初主产区冬油菜主要病虫害发生动态，并在前期病虫害发生基数的基础上，结合3月中、下旬的天气条件预测早春油菜病虫害发生期提前，发生程度重于常年；3月中、下旬，油菜病虫害将进入发生为害盛期，江南和长江中下游地区油菜菌核病将达到中等以上程度发生。第12期情报《当前油菜菌核病发生动态及趋势预报》根据2017年油菜生育期偏早，菌核病主发区菌源量大，子囊盘盛发期与油菜盛花期同步时间长，并且油菜生长前期油菜主产区多降水过程，田间湿度大，感病品种比例高等有利于菌核病发生为害的条件分析，预计2017年全国秋播油菜菌核病总体偏重发生，发生面积约320万hm²。其中江南和长江中下游大部偏重发生，黄淮和西南大部中等发生。发病盛期，西南、江南、长江中下游大部为3月中、下旬至4月中旬，黄淮、陕西关中为4月中旬至5月上旬。

2 预报评估

根据《农作物有害生物预测准确率综合评定方法》，对2017年油菜菌核病预报从发生面积、发生程度和发生期等方面进行预报评估。总体看，2017年准确预报了全国油菜菌核病的发生程度、面积、区域和发生时期，对指导油菜菌核病防控发挥了重要作用。

油菜菌核病发生面积主要受菌源量、品种抗性和气候因素影响，从预报结果和油菜病虫发生实况看，预报准确率达到100%（表2-6）。

表2-6　2017年全国油菜菌核病发生趋势预报评估

病虫名称	趋势预报	发生面积（万hm²）		预报评估（%）		发生程度（级）		预报评估	
		预测	实际	误差	准确率	预测	实际	误差（级）	准确率（%）
菌核病	中期预报	320	304.10	15.9	100	4	4	0	100

（执笔人：杨清坡）

2017年马铃薯晚疫病预报评估

1 预报情况

1.1 2017年马铃薯晚疫病发生趋势超长期预报

2016年12月8～9日，全国农业技术推广服务中心在广东省广州市召开2017年全国农作物重大病虫害发生趋势会商会。会上，马铃薯主产区测报技术人员对2017年马铃薯晚疫病发生趋势作出了预测，预计马铃薯晚疫病总体中等发生，其中西南东部、东北北部、华北北部和西北大部偏重流行风险高，发生面积200万hm²。预报结果发布在2017年1月5日的第1期植物病虫情报《2017年全国农作物重大病虫害发生趋势预报》上。

1.2 南方春马铃薯晚疫病发生趋势预报

2017年4月14日，全国农业技术推广服务中心组织召开了南方春马铃薯晚疫病发生趋势网络会商会，南方马铃薯主产区的7个省（直辖市）测报技术人员根据马铃薯品种抗性、菌原、气候条件等因素综合分析，预计南方春马铃薯晚疫病总体偏重发生，其中湖北西部、重庆大部、云南东北部、四川西南部等地局部大流行风险高，发生面积约85.67万hm²，发生盛期为4月下旬至7月下旬。根据此次会商结果，于4月17日发布了第16期植物病虫情报《南方春马铃薯晚疫病发生趋势预报》，对南方马铃薯晚疫病发生范围、盛期、程度等发生趋势作出了预报。

1.3 北方马铃薯晚疫病发生趋势预报

2017年7月12～13日，全国农业技术推广服务中心在宁夏回族自治区银川市召开了下半年农作物重大病虫害发生趋势会商会，北方7省份技术人员和专家对秋马铃薯晚疫病发生趋势进行了分析会商。根据专家分析会商意见于7月17日发布了第30期植物病虫情报《北方马铃薯晚疫病流行趋势预报》，预计马铃薯晚疫病在北方大部产区总体中等发生，黑龙江大部、甘肃东南部、内蒙古中西部及兴安岭沿麓、河北北部、山西中北部、陕西北部等地局部偏重流行，发生面积约80万hm²，东北、华北地区病害流行盛期为7月下旬至8月中旬，西北地区为7月下旬至9月上旬。

2 预报评估

根据《农作物有害生物预测准确率综合评定方法》，对上述3期预报的准确性进行了评估。总体来看，对马铃薯晚疫病的发生程度、发生面积预测比较准确，准确率达90%以上（表2-7）。

表2-7 2017年马铃薯晚疫病发生趋势预报评估

趋势预报	发生面积				发生程度			
	实发面积（万hm²）	预报面积（万hm²）	误差（%）	准确率（%）	实发程度（级）	预报程度（级）	误差（%）	准确率（%）
全年预报	189.7	200	5.4	100	3	3	0	100
南方	110.2	85.7	22.2	90	4	4	0	100
北方	70.0	80	14.3	90	3	3	0	100

　　马铃薯晚疫病是一种典型的气候型流行性病害，受降水和田间湿度影响大。特别是北方马铃薯主产区，一般年份，气候比较干旱，不利于马铃薯晚疫病的流行危害，但是近些年来北方产区也出现了夏季降水偏多的情况，如2012年和2013年马铃薯晚疫病偏重流行。天气预报的准确性直接影响北方马铃薯晚疫病发生趋势的预报，一般年份为中等发生，遇夏季降水偏多年份可达偏重发生。在实际预报实践中，对北方秋收马铃薯晚疫病的预报多依赖于天气预报和经验，需要根据中短期天气预报和马铃薯晚疫病实时监控物联网及时进行调校和预报。西南及武陵山区等马铃薯主产区多为山区和丘陵地区，多雾多露、日暖夜凉的高湿天气有利于马铃薯晚疫病的流行危害，马铃薯晚疫病一般偏重发生，只是发生面积年度间稍有差异。

（执笔人：黄冲）

2017年蝗虫预报评估

1 预报发布概况

2017年共发布蝗虫发生趋势预报4期，蝗情通报1期。

2017年1月5日，根据2016年12月农作物重大病虫害发生趋势会商结果，在《2017年全国农作物重大病虫害发生趋势预报》上发布了全国飞蝗的超长期发生趋势；4月6～7日，全国农业技术推广服务中心在山东省济南市召开了2017年东亚飞蝗夏蝗发生趋势会；4月19日召开了针对其他几种蝗虫发生趋势的网络会商会，会议根据去秋今春残蝗面积、蝗卵密度及其发育进度调查结果，结合蝗区气象条件和生态环境等因素综合分析，分别发布了《2017年东亚飞蝗夏蝗发生趋势预报》和《西藏飞蝗、亚洲飞蝗、北方农牧交错区土蝗发生趋势预报》；7月5日，根据在吉林省农安县调查的结果，及时发布了题为《吉林农安出现高密度蝗蝻点片，因监测及时、防控迅速，未造成扩散危害》的蝗情通报；7月26～28日，在吉林省吉林市召开2017年下半年玉米重大病虫害及蝗虫发生趋势会商会。来自18个蝗虫发生省（自治区、直辖市）的测报技术人员总结了2017年蝗虫夏季发生情况和特点，在分析夏残蝗虫源基数、蝗区生态环境和气象条件等因素的基础上，发布了《夏蝗发生概况和秋蝗发生趋势预报》，对2017年秋季蝗虫的发生趋势作了预测。

2 预报评估

根据《农作物有害生物预测准确率综合评定方法》，对2016年蝗虫预报从发生面积、发生程度和发生期等方面进行预报评估（表2-8）。总体看，2017年准确预报了全国飞蝗和北方农牧交错区土蝗的发生程度、面积、区域和发生时期，对指导蝗虫防控发挥了重要作用。

蝗虫发生面积主要受残蝗面积影响，从预报结果和蝗虫发生实况看，对东亚飞蝗、西藏飞蝗的发生面积预报比较准确，预报准确率总体在90%以上，但对亚洲飞蝗和北方农牧交错区土蝗的预报有偏差。

飞蝗的发生程度有偏差，主要是因为2017年在非传统蝗区且人迹罕至的复杂生境内出现了高密度蝗蝻点片，威胁周边农田安全。2017年，全国东亚飞蝗总体偏轻发生，西藏飞蝗、亚洲飞蝗、北方农牧交错区土蝗总体中等发生。从预报总体情况看，对蝗虫发生程度和发生期的预报是准确的（表2-8）。

表2-8　2017年全国蝗虫发生趋势预报评估

蝗虫	趋势预报	发生面积		预报评估（%）		发生程度（级）		预报评估	
		预测（万hm²）	实际	误差	准确率	预测	实际	误差（级）	准确率（%）
东亚飞蝗	跨年预报	130	105.42	24.58	100	3	2	1	90
	夏蝗预报	66	58.4	7.6	100	3	2	1	90
	秋蝗预报	54.67	47.02	7.65	100	2	2	0	100
西藏飞蝗	跨年预报	10.67	8.37	2.3	100	3	3	0	100
	中期预报	9	8.37	0.63	100	3	3	0	100

（续）

蝗虫	趋势预报	发生面积		预报评估（%）		发生程度（级）		预报评估	
		预测（万hm²）	实际	误差	准确率	预测	实际	误差（级）	准确率（%）
亚洲飞蝗	跨年预报	3.33	2.58	0.75	100	2	3	1	90
	中期预报	1.13	1.13	0	100	2	3	1	90
土蝗	中期预报	226.7	203.23	23.47	100	3	3	0	100

（执笔人：杨清坡）

工作总结、重要文件及测报重大项目研究进展

2017年病虫测报工作总结及2018年工作思路

2017年病虫害测报处紧紧围绕农业部党组和全国农业技术推广服务中心重点工作，以推进全国农业技术推广服务中心好单位建设为中心，以做好重大病虫害监测预警和新型测报工具试验示范为重点，全面实施绩效管理，分工协作，狠抓落实，及时高效地完成了各项任务，为减轻病虫灾害损失，保障农业丰收作出了重要贡献。

1 2017年重大病虫害监测预警工作成绩显著

一年来，面对重大病虫害发生不断出现的新情况、新问题，病虫害测报处进一步增强责任意识，组织全国广大测报技术人员在重大病虫害调查监测、信息报送、预报服务、工具试验和测报信息化建设等方面做了大量卓有成效的工作，实现了重大病虫害监测及时、预报准确、服务高效。

1.1 坚持预报制度，重大病虫害监测预警实现了及时准确

2017年，全国农业技术推广服务中心先后组织召开了小麦中后期病虫和夏蝗、早稻病虫、中晚稻和马铃薯病虫、玉米病虫害、2018年重大病虫害发生趋势会商会5次，组织开展小麦和马铃薯病虫害发生趋势网络会商会2次，发布重大病虫害发生趋势预报39期，在中央电视台一套（CCTV-1）新闻联播后天气预报节目中发布病虫警报5期，通过手机微信公众号发布病虫预报57期（条），通过中央人民广播电台"三农早报"发布预报33期。另外，各级植保机构也加大病虫害预报发布力度，各省植保机

构通过全国农业技术推广服务中心主办的病虫测报子网站发布预报信息293条，基层各病虫测报区域站年均发布预报信息10期左右，实现了对小麦条锈病、赤霉病、稻飞虱、稻螟虫、玉米螟、黏虫、棉铃虫等重大病虫害的及时监测和准确预报，为指导重大病虫防控提供重要信息服务。

同时，重大病虫害发生信息调度也实现了及时高效。全国各级植保机构按照农业部种植业管理司和全国农业技术推广服务中心的工作安排，及时完成小麦、油菜、水稻重大病虫和玉米螟、棉铃虫等重大病虫害发生防治信息调度工作。在关键阶段，结合重大病虫发生防控督导，及时调度重大病虫发生信息。据统计，全年省站信息报送完成率99.21%，县级区域站信息报送完成率86.67%，较2016年有进一步的提高，及时掌握了各地病虫害发生动态，准确地反映了重大病虫的发生和防治进展，促进了监测防控工作的开展。

1.2 加大试验示范，新型测报工具研发应用顺利推进

为加快新型测报工具的研发和应用，逐步提高病虫测报自动化、智能化和信息化水平，全国农业技术推广服务中心先后组织召开了新型测报工具研发与应用推进工作会，举办了新型测报工具应用技术培训班，并安排30个省、自治区、直辖市在36个县开展农作物病虫害实时监控物联网、重要害虫性诱远程实时监控系统、小麦赤霉病智能实时预警系统等新型测报工具试验、示范。同时，联合中国科学院智能所开展田间病虫害大数据智能采集设备的研发和试验，取得了开创性的进展，初步实现了田间病虫害的自动采集、自动识别计数。为推进病虫测报自动化、智能化和信息化，加快测报工具更新换代奠定了基础。

1.3 加强项目储备，数字植保建设取得了阶段性成果

为适应国家政务信息系统整合构建和数据资源共享的战略部署，在全国农业技术推广服务中心领导的支持下，主要开展了四项工作。

一是加强病虫测报信息化建设技术指导。为加强对全国农作物病虫测报信息化建设的技术指导，推进病虫测报信息化建设同步发展，在广泛调研和论证的基础上，起草印发了《全国农作物病虫测报信息化建设技术指导意见》，提出了全国农作物病虫测报信息化的建设思路、原则和目标，明确了建设的主要内容和保障措施，对于指导基层植保体系开展信息化建设具有一定的意义。

二是编制了种植业农事在线平台项目申报书。上半年根据农业部财务司的部署，在认真开展调研的基础上，经过近两个月的总结梳理，完成了农业部重大信息平台构建与运维专项"种植业农事在线平台"项目申报书的编制工作，在部里组织的项目评审中得到了好评，也为中心加快各类系统整合，构建"农事在线"智慧农技（种植业）云平台奠定了基础。

三是编制了全国农作物病虫疫情监测中心建设项目可行性研究报告。该项目是全国农业技术推广服务中心从动植物保护能力提升工程中申请立项的重要建设项目。建设内容主要包括全国农作物病虫疫情监控指挥调度中心和全国农作物病虫疫情监控指挥调度系统，涉及植物检疫、病虫测报、病虫防治、农药药械、植物检疫和标准信息等6个处的内容，协调和衔接工作难度大，既要耐心沟通协商又要突出建设重点，关键时刻还要勇于担当。从5月开始，在全国农业技术推广服务中心领导的支持和有关处室的配合下，经过近6个月时间的需求调研和反复沟通，按期完成了项目可行性研究报告编制工作，正式报送部信息化领导小组和发展计划司等待审批。

四是积极推进政务信息系统整合和数据资源共享工作。政务信息系统整合和数据资源共享已上升为国家战略工程。2017年9月，农业部全面启动了政务信息系统整合和数据资源共享工作，从各单位抽调专人组成4个专项工作组，分别负责农业部系统的政务系统整合、数据共享、网站整合和标准制定等工作。病虫害测报处由于过去有一定的工作基础，因而承担了较多的工作，所承担的任务，除全国农业技术推广服务中心的还有种植业板块的，四个专项工作组，种植业司行发处、农情处、植保处也随时安排工作，而且每项任务都有时间节点，实行周报、月报和绩效考核。2017年，撰写上报周报15期，月报4期，主要完成了3项工作：①完成了政务信息资源目录编制和数据资源的收集整理工作，

根据专项组的要求，按目录类型，分阶段编制、环环相扣，从10月一直持续到年底。②协助种植业管理司编制了种植业板块整合初步方案，这个方案不仅包括中心现有系统的整合，还包括种植业司、种子局、农机化司、农垦司等至少13个司局单位的系统整合。③数据资源整合共享日常工作，主要包括协调各业务系统的数据对接、数据资源的收集整理和服务器迁移等。据统计，农业部第一、第二、第三批接入国家数据资源共享平台的数据，全国农业技术推广服务中心提交的数据占比分别达28.9%、32.6%和20.5%，全国植物检疫信息化管理系统和中国农作物病虫害监控信息系统于第一批顺利接入国家政务信息平台。

1.4 加强业务建设，病虫测报能力建设取得新进展

一是测报技术培训深入开展。2017年，分别在南京农业大学和西南大学举办了为期21d的第三十九期全国农作物病虫测报技术培训班，培训基层测报技术骨干100名，系统培训了病虫测报基本原理和方法等内容；为加快新型测报工具推广应用，举办了省级和基层技术人员参加的新型测报工具应用技术培训班；为提高省级测报人员的业务素质，专门针对省级测报技术骨干，举办了第二期省级测报技术人员培训班；同时，利用执行科研项目的机会，在新疆举办了棉花病虫害监控技术培训班。内蒙古、河南、江苏、湖北、四川等省份也加强了测报技术培训。这些培训班的举办，特别是在南京农业大学和西南大学举办的第39期全国农作物病虫害测报技术培训班已经坚持举办了39年，对于带动各地加强测报技术培训，促进基层植保技术人员更新知识、提高业务素质起到了积极作用。

二是测报技术研究成绩显著。全面完成了公益性行业（农业）科研专项"盲蝽可持续治理技术的研究与示范""粮食主产区主要病虫草害发生及其绿色防控关键技术""二点委夜蛾、玉米螟等玉米重大害虫监测防控技术研究与示范""黏虫监控技术研究与示范"以及"水稻重大病虫害发生气象条件监测评估和预警技术研究"等项目的年度研究任务，为稳步提高病虫测报技术水平奠定了基础。全年共获得中华农业科技奖一等奖1项1人次，青海省千人计划人才1人，中国植保学会青年科技奖1人；发表第一作者论文7篇，出版专著6本，制定颁布标准2项。

三是测报国际合作项目进展顺利。按计划完成了中越水稻迁飞性害虫监测与治理合作项目、中韩水稻迁飞性害虫与病毒病监测合作项目，积极开展病虫情联合监测、数据交换、信息交流、技术交流和人员互访。全年共接待外国来访专家团（组）4个，其中韩国3个、越南1个，接待外宾32人次；全年共组织赴外出访交流团（组）2个，其中韩国、越南各1个；组织参团出访学习12人次，并成功地组织举办了中韩、中越水稻迁飞性害虫监测治理技术交流活动。两个项目的顺利实施，极大地促进了我国同周边国家间水稻迁飞性害虫发生信息的交换、技术交流和植保国际合作，推进了迁飞性害虫跨境迁飞发生规律和测报技术研究，显著提高了我国水稻迁飞性害虫监测预警的早期预见性，在指导农业生产中发挥了重要作用。

四是动植物保护能力提升工程顺利启动。加强测报体系建设是提高测报能力建设的根本途径。2017年5月，国家发展和改革委员会和农业部等四部委发布了《全国动植物保护能力提升工程建设规划》。这是全国植保体系能力建设的重大项目，为加强指导引领，促进全国病虫测报体系健康发展，全国农业技术推广服务中心积极组织各省开展研讨，统一思想，提高认识，并在广泛征求意见的基础上，印发了《全国农业技术推广服务中心关于加强农作物病虫疫情监测能力建设的指导意见》，进一步明确了项目建设的总体思路、建设布局、建设内容、建设要求等，及时指导各省开展项目申报，及时沟通解答项目申报的相关问题，促进了项目的启动实施。

五是植保法制建设顺利推进。根据种植业管理司和全国农业技术推广服务中心领导安排，配合做好《农作物病虫害防治条例》立法调研相关工作。积极参与条文的修改、意见的汇总、问题的解答、条件的争取，以及立法情况的调研，先后三次陪同种植业司和全国农业技术推广服务中心领导到国务院法制办、中央编办汇报沟通和讨论修改，并赴江西、江苏等省开展立法调研。2017年，《农作物病虫害防治条例》第二轮征求意见已经结束，该条例的立法程序在快速推进。

2 2018年监测预警工作重点

2018年病虫测报的总体思路：以党的十九大精神和部党组的决策部署为指引，以推进全国农业技术推广服务中心好单位建设为中心，以重大病虫害监测预警、农作物病虫疫情监测中心建设项目为重点，通过抓好新型测报工具试验示范、植保能力提升工程组织实施和政务信息资源整合共享等重点工作，不断提升重大病虫害监测预警和预报服务能力，为科学指导防控，减少农药使用量，减轻灾害损失，保障国家粮食安全、农产品质量安全和生态环境安全做出新的贡献。

2.1 提高认识，积极推进好单位建设

开展全国农业技术推广服务中心好单位建设，增强凝聚力、战斗力，更好地为实施乡村振兴战略、建设现代农业提供支撑是建设好单位的根本目的。因此，病虫测报工作的一切出发点都要紧紧围绕党中央、国务院和部党组的决策部署，围绕中心、服务大局，推动各项工作落实，发挥好病虫测报在农药使用量零增长和农业绿色发展中的技术指导和技术支撑作用。以服务中心工作为己任，及时完成部、司和全国农业技术推广服务中心领导安排的重要工作，不断强化病虫测报的基础地位，不断展示病虫测报的支撑作用，为促进病虫测报持续健康发展创造条件。

2.2 加强监测，做好重大病虫害预报预警

做好重大病虫害监测预警，牢牢掌握重大病虫害的发生动态，科学及时指导防控是病虫测报的基本职能。因此，任何时候，病虫测报最基本的工作都是不断加强监测预警能力，落实重大病虫害监测预警的各项日常工作，不断提高预报的准确性、及时性，在科学指导重大病虫的防控中发挥测报应有的作用。2018年重点抓好3个方面：

一是加强监测预警。组织全国31个省、自治区、直辖市植保站和1 030个农作物病虫害测报区域站，加大监测力度，及时报送信息，关键时期实行"两周一报"，及时掌握病虫发生动态。

二是加强新技术应用。通过完善不同地区测报新技术、构建测报技术新体系，不断提升监测预警能力和水平。

三是加强预报发布。病虫预报只有发布服务到位，被广大用户和农户所接受，预报的作用才能真正得到体现。通过不断完善"广播、电视、手机、网络和明白纸"五位一体预报发布新模式，大力推行病虫电视预报，提高预报预警信息覆盖面和到位率，指导农民科学防控。

2.3 加强调研，推进病虫疫情监测中心项目建设

全国农作物病虫疫情监测中心建设项目已经完成了可行性研究报告编制，2018年要加强与农业部办公厅、发展计划司、工程技术中心和信息中心等单位的沟通，加强项目跟踪，及时释疑，争取顺利立项并早日开工，为提高全国农业技术推广服务中心的信息化建设水平和农技推广服务能力增加力量。

2.4 认真组织，推动动植物保护能力提升工程实施

新一期的动植物保护能力提升工程已经启动，涉及病虫测报的建设内容：

一是重大病虫疫情田间监测网点建设。选择一批重点县，建设一批田间监测点，配备物联网智能虫情测报灯、病害智能监测仪、害虫性诱实时监控系统以及数据传输等物联网设施设备。

二是提升省级病虫疫情监测分中心能力。健全完善县级病虫疫情信息化处理系统和省级病虫疫情信息调度指挥平台，统一标准、统筹建设、互联互通，实现实时监测、及时预警、可视调度、网络指挥。

三是开展系统联网。对全国、省级和县级系统实施联网，逐步建成上下联通、左右相连的全国重大病虫害监测预警网络体系。下一步，要积极配合有关主管司局，加强项目管理，克服上期项目建设存在的问题，及时指导各地结合病虫监测需要，合理规划网点布局，提高建设质量，确保项目建设规

范、实用、高效，为提升重大病虫害监测预警能力奠定基础。

2.5 认真配合，积极推进政务信息系统整合

当前和今后一段时间，政务信息系统整合和数据资源共享都将是国家和农业部的一项重点工作。为促进全国农技推广和病虫测报信息化建设，要积极配合部政务信息资源整合专项工作组和部种植业管理司加强种植业板块各业务系统建设现状、建设需求调研，明确建设目标、建设内容、建设布局和建设策略，制定切实可行的建设方案，提高项目建设质量，从而打通信息孤岛，提高数据共享程度，在提高病虫测报、农技推广信息化程度的基础上，为实施国家大数据战略贡献力量。

2.6 突出重点，认真做好测报工具试验示范

加强新型测报工具的研发和推广应用是提升病虫测报能力的重要抓手。为配合动植物保护能力提升工程实施，今后几年全国病虫测报要继续将新型测报工具研发和应用作为工作重点，坚持不懈推进这项工作不断取得进展。2018年拟将通过召开新型测报工具研发与应用技术交流会、举办新型测报工具应用技术培训班，进一步总结经验、研讨推进措施、培训应用技术，加快产品推陈出新。要突出重点，继续安排各省组织开展害虫性诱监测工具（系统）、农作物病虫害监控物联网等新型测报工具试验示范。为增强示范展示效果，在全国农业技术推广服务中心实施的全域绿色生产技术示范基地内蒙古杭锦后旗建设"国家现代病虫测报示范园"，将目前全国生产上试验、示范、推广的各类测报新技术、信息系统和新型测报工具集中在一起示范展示，提高宣传效果，促进产品成熟定型和推广应用。

2.7 加强培训，不断提升测报体系业务素质

2018年将继续在南京农大和西南大学举办第40期全国农作物测报技术培训班，同期举办全国农作物病虫测报技术培训班40周年总结活动（其中，南京农业大学128人4d，西南大学60人14 d），总结40年来坚持办班的成绩和经验，开展办班需求调研，明确新时代病虫测报培训的策略和方法，为继续办好全国农作物病虫测报技术培训班，促进全国测报体系技术培训和人才培养奠定基础。同时，举办第三期省级测报技术人员监测预警技术培训班、新型测报工具应用技术培训班等。此外，还将利用科研项目举办棉花、玉米病虫测报技术培训。通过培训，不断更新测报人员知识技能，提高利用现代科技服务测报工作的水平，提升测报体系整体业务素质。

2.8 加强研究，不断提高预测预报技术水平

病虫测报是技术性很强的工作，需要不断加强研究，推动测报技术不断进步。为此，一是继续组织实施好有关科研项目，组织参加项目研究的省份和基层县站，借助科研项目锻炼培养人才，提升其技术和能力；二是充分利用现有调查监测数据，研究病虫发生规律，探索模型预警技术；三是开展测报技术标准简化技术研究，在满足监测预报要求的基础上，简化调查监测内容，减少调查监测频次。

2.9 加强合作，推动国际交流合作项目取得新进展

继续组织实施好中越水稻迁飞性害虫监测与治理合作项目和中韩水稻迁飞性害虫与病毒病监测合作项目，按计划组织好病虫情的联合监测、数据交换、信息交流、人员互访，以及两个项目的双边技术研讨和学术交流活动。同时，根据国家"一带一路"倡议要求，进一步谋划我国同东南亚国家联盟（简称"东盟"）和周边国家病虫害发生信息交流和监测预警技术合作项目，推进迁飞性害虫大区跨境迁飞发生规律和测报技术研究，进一步提高我国农作物迁飞性害虫监测预警的早期预见性，科学指导防控，提高防控效果，减少农药使用，有效控制灾害，在保障国家粮食安全、农产品质量安全和农业生态安全中发挥积极作用。

（执笔人：刘万才）

全国农业技术推广服务中心关于印发《全国农作物病虫测报信息化建设技术指导意见》的通知*

各省、自治区、直辖市植保（植检、农技）站（局、中心），新疆生产建设兵团农业技术推广总站：

为推进现代植保体系建设，加快病虫测报信息化发展，提高重大病虫害监测预警能力，全国农业技术推广服务中心制定了《全国农作物病虫测报信息化建设技术指导意见》。现印发给你们，请结合实际，遵照执行。

全国农业技术推广服务中心

2017年2月20日

---

* 全国农业技术推广服务中心文（农技植保〔2017〕5号）。

附件:

全国农作物病虫测报信息化建设技术指导意见

为推进现代植保体系建设,充分利用信息化手段,完善全国农作物重大病虫害监测预警网络体系,进一步提升我国农作物重大病虫害监测预警能力和植保防灾减灾科学化水平,特制订该意见。

一、重要性和必要性

近年来,受气候变化、耕作制度变更等因素影响,我国农作物重大病虫害重发频发,对粮食生产安全构成了严重威胁。现有监测预警能力难以适应病虫害重发频发的新形势,测报信息服务水平难以适应病虫害防控工作的新要求,迫切需要利用现代信息化手段,建设完善全国农作物重大病虫害监测预警网络体系,进一步提升重大病虫害监测预警能力和植保防灾减灾水平。

1.加强病虫测报信息化建设是推进现代植保体系发展的必然要求 实施"四化同步"战略,农业现代化是关键。发展现代农业需要现代植保体系和信息化手段作支撑。病虫测报是植保工作的基础,加强病虫测报信息化建设,升级改造田间监测网点,提升现代新型测报工具装备水平,加快建设重大病虫害监控与调度指挥系统平台,是建设现代植保的重要内容,也是推进现代植保体系发展的必然要求。

2.加强病虫测报信息化建设是提升病虫害监控能力的重要手段 农作物病虫害此起彼伏、暴发区域千变万化、防控措施日新月异,只有全面准确地对其发生发展动态进行实时监测和调度,才能进行科学决策和组织有效防控。加强病虫测报信息化建设,对于增强监测预警能力和防控决策的科学性、时效性,迅速组织和指挥防控行动,有效控制病虫危害,具有十分重要的作用。

3.加强病虫测报信息化建设是增强病虫测报公共服务能力的有效措施 监测预警和防控指导始终是农业发展中急需政府提供的公共服务。通过病虫测报信息化建设,建立面向政府和广大农业生产者的监测预警信息发布与服务系统,可使农业生产者及时、方便、快捷地获取农作物病虫害发生信息和防控技术,提高监测预警和防控指导覆盖面和到位率,增强植保体系的公共服务能力。

二、建设思路、原则与目标

(一)建设思路

按照"统一规划、分步实施,共享共建、分级管理"的原则,升级改造现有国家系统,开发建设上下贯通、左右相连、行业适用的全国农作物病虫害监控与调度指挥系统平台。其中,省级监控与调度指挥系统平台的建设以国家系统为基础,根据本省作物布局、监测对象和工作需要,重点增加相应功能模块,开发建设具有本省特色、与国家系统对接共享的省级系统,实现共建共享。县级病虫测报信息化建设,以国家和省级系统应用、监测网点管理等为重点,有条件的市县可以县级植保信息化通用平台为基础,开发建设县级植保数据库及应用系统,同步提升信息化水平。

(二)建设原则

1.统一规划、分步实施 加强顶层设计,制定全国农作物病虫测报信息化建设技术标准。在现有建设基础上,统一规划、共建共享,既立足需求,又保持前瞻性,逐步开发、完善和推广应用病虫测报信息系统。

2.需求导向、面向应用 从工作实际需求出发,突出核心业务,服务病虫测报工作。坚持建设与应用同步,推动信息技术与病虫测报有机结合,促进病虫测报事业发展。

3.互联互通、促进共享　充分利用现有信息资源，打通信息孤岛，建立国家级、省级、县级纵向互通，各级植保机构信息横向共享的互联互通共享机制。

4.加强管理、注重安全　贯彻落实国家信息安全相关规定，强化系统管理和信息安全建设，确保病虫测报信息化建设高效、系统运行稳定、数据信息安全。

（三）建设目标

围绕全国农作物病虫害监控及调度指挥业务工作，实施"互联网＋病虫测报"战略，稳步推进病虫测报信息化建设，到2020年，初步构建起全国农作物病虫害监控与调度指挥框架体系，实现系统互联和信息资源共享；到2025年，建成国家、省、市县、监测站点四级上下贯通、左右相连、信息共享的全国农作物病虫害监控与调度指挥系统平台4.0，实现农作物病虫害数据采集自动化、监控预警智能化、预报服务多元化、测报管理规范化、决策指挥信息化，显著提升我国农作物病虫害监控指挥能力和病虫测报信息化水平。

三、建设内容

（一）重大病虫害监测物联网

1.配置监测设备　依托植物保护工程，进一步建立完善田间监测网点，配备智能化监测设备，建设基于物联网技术的病虫害智能监测网。

2.构建应用系统　研制统一的物联网设备接入认证网关和数据接口，依托现有系统平台，开发智能设备联网运行管理系统，实现监测设备及其数据的接入与管理等功能，建设病虫测报物联网数据中心和应用平台。

（二）重大病虫害监测预警综合管理平台

1.系统升级改造　利用最新信息技术手段，升级改造农作物重大病虫害数字化监测预警系统，开发完善数据采集、查询、汇总等数据管理，以及数据分析与展示、地理信息系统分析（GIS）、考核评价、任务管理、系统管理等功能，增强系统功能和系统的兼容性、可扩展性，保障系统在新的网络环境下正常运行，提升病虫害监测预警综合管理能力。

2.信息发布服务　创新方式方法，加大利用互联网和移动互联网发布病虫发生和预报信息的力度。开发病虫情报信息发布、管理、订阅等功能，建立统一共享的国家、省级、县级植保机构病虫情报信息发布和服务平台。开发以手机为载体，利用移动互联网等新媒体发布病虫情报的技术途径，进一步提高病虫情报信息服务水平。

3.模型预警系统　建设农作物重大病虫害模型预警系统平台，开发预测模型接口，嵌入各地实用的预测模型，实现主要预测模型的构建、模型自学习和优化，提高病虫预测的准确率。

4.办公自动化　开发内部通知公告、内部邮件、公文运转、技术交流、考核评价和其他有关功能，实现内部数据信息的分级应用与管理，提高办公自动化、信息化水平。

5.应用管理接口　开发统一的用户接口或应用系统管理接口，通过特定的接口和角色分配、权限管理等技术，实现一点登录现有应用系统的功能。

（三）远程会商和调度指挥系统

1.网络会商系统　开发建设网络会议和病虫害发生趋势会商系统，实现通过图文信息、音频、视频开展远程病虫诊断和趋势会商，丰富重大病虫害发生趋势会商手段，提高会商工作效率。

2.远程调度系统　开发多点参与、统一指挥的远程调度指挥系统，利用移动终端设备，实现音视频呼叫、人员设备调度、田间远程实时调查监测、调度指挥等功能，提高病虫监测和调度指挥的实时性和可视化。

（四）病虫测报大数据平台

1.数据中心建设 建立全国病虫测报数据中心，实现数据统一存储、异地备份，优化全国病虫害数据的管理。按照"分级管理、共享共建"的原则，采用分工协作、分级建设、联网共享的思路，建立统一的病虫基本知识、测报技术规范、田间调查数据、灯下监测数据等病虫测报数据库，推动病虫测报大数据建设。

2.数据共享系统 开发数据共享接口和测报数据资源共享系统，实现数据共享的申请、派发和管理等功能，促进数据库共建共享。

3.数据挖掘利用 开展病虫害大数据研究，加强测报数据、田间监测数据的挖掘利用，研制开发简便实用的重大病虫害发生预测模型，拓展数据分析方法，提高数据利用率。

（五）基层病虫测报信息化建设

1.完善网络环境 升级田间现代监测工具，改善县级网络应用软硬件环境，实现与国家和省级系统的有效对接、畅通运行，提高系统的应用水平。

2.县级系统建设 统一规划、设计全国基层病虫测报信息化网络，建设既能与国家、省级系统无缝对接，又具有当地特色的县级植保信息管理系统。开发病虫数据自动化采集与分析、新型监测设备与监测网点管理、病虫诊断识别、测报数据库、预报发布服务等功能模块，实现基层病虫监测数据一次填报、多层级按需使用，简化基层数据采集和录入程序，减少系统使用的工作量。选择部分区县，推广应用县级植保信息管理系统，提高基层农作物病虫测报信息化水平。

（六）病虫测报APP

基于移动端智能设备，依托农作物病虫害监控与调度指挥系统平台，开发信息采集报送、监测设备管理、监测任务催报、情报信息服务、网上交流互动、病虫诊断识别、防治技术咨询、网络趋势会商、防控调度指挥，以及病虫知识库等功能的病虫测报APP，实现病虫测报移动办公，提高测报信息传递速度。

（七）系统安全建设

完善系统安全策略，加强机房网络环境安全性建设，配齐网络安全软硬件设备，建设符合国家三级信息系统等级保护和当地管理要求的软硬件网络环境，为系统运行提供稳定可靠的环境。

（八）标准体系建设

研究制定病虫监测数据采集、通讯传输、系统建设、系统应用和运行维护等方面的技术标准，逐步统一全国病虫测报信息化建设标准，实现病虫测报信息化建设标准化、规范化，为实施全国联网，实现数据共享创造条件。

四、保障措施

1.加强组织协调 要建立健全信息化建设组织协调机制，增加人员力量，明确责任分工，将信息化作为当前和今后一段时期提升植保能力的重要抓手，高度重视，加强组织协调，统筹谋划当地病虫测报信息化建设。

2.加强资金投入 要主动争取当地政府和主管部门对病虫测报信息化建设的重视和支持，将其纳入当地农业信息化重点工程项目。建立信息化建设和运行维护资金稳定投入机制，保障信息化建设稳步发展。

3.加强人才培养 要加强与科研教学单位的合作，组建病虫测报信息化建设咨询专家团队。采用

"引进来、走出去"的思路，加快培养既懂信息技术，又精通植保业务的复合型专门人才。加大培训力度，多层次、多类别地通过技术研讨、专项培训等措施，提升基层植保技术人员信息技术应用能力。

4.加强安全管理　要建立和完善信息化建设、系统应用、运行维护、信息安全等相关管理制度，规范和加强系统应用和软硬件管理，提高信息化建设和系统应用效果，保障系统运行，确保信息安全。

全国农业技术推广服务中心 中国植物保护学会关于现代病虫测报优秀论文和优秀组织单位评选结果的通报*

各省（自治区、直辖市）植保（植检、农技）站（局、中心），中国植物保护学会各省级分会：

为激励广大测报技术人员钻研和应用现代科学技术，加快推进现代植保体系建设，服务农业供给侧结构性改革和现代农业发展，2017年全国农业技术推广服务中心与中国植物保护学会联合开展了现代病虫测报建设优秀论文评选活动。本次论文征集活动经省级植物保护机构和中国植保学会省级分会初评，专家分组评审和会议终审，共评选出优秀论文101篇。其中，一等奖20篇、二等奖27篇、三等奖54篇，优秀组织单位11个（具体名单见附件）。

特此通报。

全国农业技术推广服务中心 中国植物保护学会

2017年11月30日

---

* 全国农业技术推广服务中心函（农技植保函〔2017〕488号）。

附件1:

优秀论文名单

第一作者	论文题目	等次	省份
汪恩国	昆虫种群数量信息流动理论与预测预报研究	一等奖	浙江
万宣伍	四川省农作物病虫监测预警发展历程回顾及发展展望	一等奖	四川
韩曙光	浙江省农作物病虫测报员队伍现状与发展对策研究	一等奖	浙江
赵帅锋	浙西北稻田灯下昆虫群落结构分析初报	一等奖	浙江
朱 凤	性信息素技术在迁飞性稻纵卷叶螟测报中的应用及分析	一等奖	江苏
沈慧梅	稻纵卷叶螟灯诱监测数据在测报中的应用	一等奖	上海
王 标	稻纵卷叶螟性诱电子测报试验研究初报	一等奖	湖南
柯汉云	水稻病虫害观测场的选址布局及田间管理	一等奖	浙江
穆常青	小菜蛾性诱自动监测技术应用效果初报及测报技术探讨	一等奖	北京
杨久涛	山东农业有害生物发生新形势及原因探析与防控对策	一等奖	山东
于玲雅	新形势下山东基层测报体系调研报告	一等奖	山东
勾建军	网络视频会商在监测预警工作中的探索与应用	一等奖	河北
谢子正	籼粳杂交稻稻曲病病情分级标准研究	一等奖	浙江
肖晓华	对重庆市秀山县农作物病虫害监测预警工作的思考	一等奖	重庆
曾 伟	嫩绿粘虫板对白背飞虱发生虫量监测预警的研究	一等奖	四川
王啓威	桃江县病虫情报发布现状及微信公众平台的应用	一等奖	湖南
张 智	迁飞性害虫主要监测技术的发展概况	一等奖	北京
邰德良	高空测报灯监测黏虫种群迁飞动态效果分析	一等奖	江苏
殷 茵	张家港市不同测报工具对甜菜夜蛾的监测比较	一等奖	江苏
袁冬贞	陕西省农作物病虫监测预警体系现状调查与发展思考	一等奖	陕西
张 毅	西安地区甜菜夜蛾发生风险预测	二等奖	陕西
韩群营	昆虫性信息素在斜纹夜蛾监测预报上的应用研究	二等奖	湖北
田如海	上海桃园梨小食心虫发生规律及新型测报技术研究	二等奖	上海
王治虎	应用CARAH模型预测马铃薯晚疫病发生的研究	二等奖	湖北
刘初生	都昌县病虫情报进村入户"十百千"模式的实践与成效	二等奖	江西
张国芝	自然变温条件下二化螟越冬代蛹有效积温的研究	二等奖	四川
陈立涛	玉米螟、棉铃虫性诱智能测报系统应用效果初报	二等奖	河北
邓锦明	远程实时监测系统在斜纹夜蛾预测预报上的应用探索	二等奖	江西
黄德超	广东农业有害生物数字平台的组建设计	二等奖	广东
谢爱婷	北京农作物病虫实时监测技术应用探讨	二等奖	北京
李爱国	性诱智能测报系统数据采集的分析研究	二等奖	江苏
姜海平	应用性诱剂监测指导适时释放赤眼蜂防控水稻二化螟研究	二等奖	江苏
孙友武	稻纵卷叶螟性诱电子智能系统测报效果研究	二等奖	安徽

（续）

第一作者	论文题目	等次	省份
马建英	二点委夜蛾测报技术应用修改稿	二等奖	河北
田丽丽	甘谷县小麦条锈病越夏菌源分布区域精准勘测及秋苗发生程度预测模型研究	二等奖	甘肃
江海澜	基于微信公众号的病虫预报信息发布方式创新	二等奖	新疆
肖明徽	江西新型测报工具应用现状与推进	二等奖	江西
韩斌杰	玉门市重大病虫害模式报表的填报方法与实践应用	二等奖	甘肃
董红刚	新型种植模式下县级现代病虫测报体系建设的实践与思考	二等奖	江苏
刘 莉	过渡期内新型病虫测报工具应用进展及发展建议	二等奖	河北
张文斌	咸阳市小麦赤霉病远程实时监测预警系统的应用效果	二等奖	陕西
吴彩玲	稻纵卷叶螟虫源性质分析在预测预报上的应用	二等奖	安徽
陈齐信	九江市2016年局部地方晚稻二化螟大发生原因分析及防控对策探讨	二等奖	江西
史建苗	江西农作物病虫害监测预警信息化建设现状与发展思路	二等奖	江西
陈 雁	荆门市小麦条锈病发生特点和预报要点	二等奖	湖北
范劲松	瑞昌市农作物病虫害测报工作的探索及思考	二等奖	江西
谷莉莉	盐都区病虫测报工作现状、存在问题及对策思考	二等奖	江苏
舒庆林	围栏+陷阱法（L-TBS）控鼠试验效果分析	三等奖	四川
李忠彩	2017湖南省汉寿县佳多ATCSP物联网系统试验	三等奖	湖南
刘 媛	宁夏农作物病虫测报体系建设及发展对策	三等奖	宁夏
鲍康阜	信息技术在农作物病虫情报发布中的综合运用	三等奖	安徽
王广炳	新形势下县级植保站推进病虫测报工作的实践与思考	三等奖	陕西
任 丽	咸阳市农作物病虫监测预警体系现状与设想	三等奖	陕西
吴佳文	2016年江苏省小麦白粉病发生特点及治理对策	三等奖	江苏
孙友武	凤台县农作物病虫测报工作的实践与创新	三等奖	安徽
王 军	玉米田桃蛀螟测报方法研究	三等奖	安徽
王泽荟	闪讯TM在北京通州甜菜夜蛾监测上的应用	三等奖	北京
杨新振	稳定测报队伍 搞好农技推广	三等奖	河北
李恺球	太湖县棉田害虫灯诱光源诱集效果研究	三等奖	安徽
李萍萍	綦江区植物病虫测报体系建设的思考	三等奖	重庆
谢飞舟	陕西省农作物病虫新型监测设备应用现状及发展建议	三等奖	陕西
李大伟	朝阳市农作物病虫预测预报工作现状及推进建议	三等奖	辽宁
朱 慧	大螟性诱与灯诱测报技术比较	三等奖	江苏
黄 娟	虫情测报灯对棉铃虫种群消长在测报上的应用初报	三等奖	安徽
刘文成	埇桥区现代病虫害测报体系建设现状与思路	三等奖	安徽
刘 芹	湖北基层测报人员现状分析	三等奖	湖北
张 硕	天津市农作物重大病虫害监测预警体系现状及发展对策	三等奖	天津
柴玉鑫	向日葵螟标准化性诱捕器的监测效果验证	三等奖	内蒙古

（续）

第一作者	论文题目	等次	省份
张海勃	不同测报方法在科尔沁区玉米螟监测预警中的效果分析	三等奖	内蒙古
钱志桓	二化螟自动化性诱监测应用效果试验探讨	三等奖	安徽
邓冰洋	关于基层植保测报队伍建设探讨	三等奖	安徽
钟宝玉	近十年广东稻瘟病病菌小种变化研究	三等奖	广东
王 猛	2017年朝阳市黏虫发生测报和防治策略	三等奖	辽宁
汪永安	发展信息化助力县级病虫测报的探讨与思考	三等奖	安徽
张林明	加强测报工作创新，推进病虫测报信息化	三等奖	安徽
李昌明	创新病虫测报助力特色产业的实践与思考	三等奖	四川
曹瑛	西安市农作物有害生物监测预警体系发展现状及思考	三等奖	陕西
范俊珺	加强基层植保体系建设 稳定测报人员队伍	三等奖	云南
何咏华	加强测报体系建设，开创植保工作新局面	三等奖	安徽
赵秀珍	山东省东阿县二点委夜蛾发生规律和防控措施试验	三等奖	山东
陈一品	利用现代传媒 创新病虫预报发布方式	三等奖	河南
苏小平	"赛扑星"昆虫性诱电子智能测报系统对稻纵卷叶螟成虫的监测效果评价	三等奖	湖南
司 华	病虫测报队伍建设良性发展的有效途径	三等奖	陕西
袁红银	江苏沿江地区芋头疫病影响因子及绿色防控措施	三等奖	江苏
黄 鹏	加强植保体系建设提升预测预报水平	三等奖	江苏
柳听海	界首市病虫测报现状及建设探讨	三等奖	安徽
王前涛	宜昌市植保体系建设的现状与对策	三等奖	湖北
张丕文	重庆市潼南区水稻病虫草害的绿色防控模式	三等奖	重庆
赵云娟	临汾市病虫害测报体系建设的思考	三等奖	山西
代 华	昆虫性诱电子智能测报系统对稻纵卷叶螟的监测研究	三等奖	湖北
农树发	广南县稻飞虱监测情况分析与防控对策	三等奖	云南
胡育海	浦东新区水稻螟虫测报方法与综合防治技术	三等奖	上海
张彦彦	哈尔滨市双城区三代黏虫发生规律及测报技术	三等奖	黑龙江
李 乐	利用性诱捕器探究北镇市水稻二化螟年变化规律并提出改进建议	三等奖	辽宁
卜 峰	泰兴市水稻稻瘟病大发生原因及防治对策探讨	三等奖	江苏
于 凯	加强测报体系建设，保障农作物安全生产	三等奖	山东
桑芝萍	如东县十字花科蔬菜主要害虫发生规律调查	三等奖	江苏
尤 伟	昆虫性诱智能电子诱捕器在稻纵卷叶螟监测中的应用	三等奖	安徽
徐爱仙	豇豆豆野螟的监测及绿色防控技术的应用	三等奖	湖北
魏先尧	荆门市水稻二代二化螟发育进度及预报探讨	三等奖	湖北

附件2：

优秀组织奖名单

陕西省植物保护工作总站
江苏省植物保护植物检疫站
湖北省植物保护总站
安徽省植物保护总站
河南省植保植检站
河北省植保植检站
上海市农业技术推广服务中心
北京市植物保护站
山东省植物保护总站
四川省农业厅植物保护站
江西省植保植检局

2012—2017年全国重大植保科技进展

近年来，我国聚焦植物病虫害防控的重大基础性科学技术问题，深化对植物病虫害发生规律的认知，提升植物病虫害防控的原始创新水平和能力，有效预警重大植物疫情，显著降低植物病虫的危害，科技创新有力支撑了种植业发展，引领绿色植物病虫防控产业向高端迈进。

在探索植物病虫害成灾机理和流行规律方面，揭示了植物病毒抑制植物RNA沉默新机制、多食性害虫寄主选择行为的化学生态与分子机制、转Bt基因作物和非转Bt基因作物对害虫抗性治理等，深化了科学规律认知。

在提升植物病虫害防控条件方面，创制了一批绿色环保高效的植物病虫害防控产品，蛋白质免疫诱抗剂、微生物农药、天敌昆虫的产品种类不断丰富，防效不断提升，一定程度上满足了防控需求。

在重大技术及产品应用示范引领方面，建成一批大面积应用、核心技术可复制的示范区，小麦条锈病菌源基地综合治理技术体系的构建与应用、盲蝽类重要害虫种群监测与绿色防控关键技术、农药高效低风险技术体系创建与应用等一批重大成果，解决区域植物病虫防控的技术瓶颈，显著控制了植物病虫的危害，提升了自主创新能力与产业支撑能力，有效支撑我国农业跨越发展。代表性防控技术、产品介绍如下。

1 小麦条锈病综合防控技术

小麦条锈病是一种高空远距离传播的毁灭性病害，严重影响小麦生产和粮食安全。病害大流行可造成小麦减产40%以上甚至绝产，其有效防控是长期的国际难题。小麦条锈病综合防控技术在生产上大规模推广应用，防病保产效果极其显著。从技术方面解决了生产上条锈病防控问题，有效控制了条锈病的暴发流行，增收节支93.32亿元，为国家粮食生产九连增做出了重大贡献。同时，丰富发展了《植物病害分子流行学》和《植物生态病理学》中的理论、技术和方法，为国家小麦条锈病的防控决策提供了重要科学依据和技术支撑，作为"公共植保、绿色植保"的典型范例，为研究其他气传病害提供了借鉴和参考。总体研究处于国际领先地位，经济、社会和生态效益巨大。

2 盲蝽类重要害虫种群监测与绿色防控关键技术

针对为害我国棉花、果树、茶树和苜蓿等作物生产的盲蝽类害虫进行了近20年的系统研究，揭示了由趋花行为介导的盲蝽种群发生规律，发展了盲蝽类害虫调查技术与预报方法，构建了测报技术体系并建立了全国性监测预警网络，研发了盲蝽灯光高效诱杀技术、天敌扩繁与田间释放技术、诱集植物利用技术、化学杀虫剂抗性监测与治理技术以及控制早春虫源为主的农业防治技术，集成了以利用盲蝽行为趋性诱杀成虫、切断季节性寄主转移为害路径为策略的棉花、果树等多种作物盲蝽绿色防控技术模式，防控效果超过85%，为害损失控制在5%以内，化学杀虫剂用量减少30%以上。自2011年以来，该成果在鲁、豫、冀等15个省份棉花、果树等作物生产中应用，2015—2017年累计推广0.08亿hm²，社会经济效益91.99亿元。

3 农药高效低风险技术体系创建与应用

针对我国农药成分隐性风险高、药液流失严重、农药残留超标和生态环境污染等问题，创建了以农药有效成分、剂型设计、施用技术、风险管理为核心的农药高效低风险技术体系，建立了以三唑类手性农药为主的风险识别、表面张力和接触角双因子药液对靶润湿识别新技术，开发了10个高效低风险农药制剂并产业化应用，构建了选药、配药、喷药的精准施用技术，研发了精准选药试剂盒，药液沾着展布比对卡，雾滴密度测试卡、比对卡和指导卡等高效低风险化技术物化专利产品38套，系统开展了三唑磷等高风险农药的监测和风险评估，提出了高风险农药风险管理解决方案。2013—2015年成果推广应用面积0.12亿hm²次，新增农业产值149.9亿元，新增效益107亿元，经济、社会、生态效益显著。

4 韭蛆"覆膜增温法"绿色防控技术

韭菜农药残留是影响我国农产品整体质量安全水平的头号杀手，而韭蛆为害是造成该问题的关键因子。本成果针对该害虫发生为害规律不清、灾变机制不明、关键防治技术缺乏等问题，通过系统的生物生态学习性与灾变规律研究，发现韭蛆具有极其不耐高温的特点，并在此基础上发明了绿色、经济、简便、实用的日晒高温覆膜防治韭蛆新技术，成功攻克韭蛆防治难题，制服了这个农产品质量安全的头号杀手引发的问题。该技术被同行专家评定为"害虫防治的革命性新技术，是害虫绿色防控的典范"。已在我国韭菜主产区累计推广应用20万hm²次，取得了巨大的经济、社会和生态效益。

5 设施蔬菜连作障碍防控关键技术及其应用

针对连作障碍成因不明问题，系统揭示了连作障碍高发的成因与规律，明确土壤初生障因消除和植物根系抗性增强是防控核心；针对障碍因子消除难问题，形成了以连作障碍自毒物质的物理吸附和微生物降解为途径的土壤连作障碍因子消除关键技术，建立了基于土壤微生态化感调控技术的伴生栽培模式；针对蔬菜根系抗性弱而不耐连作问题，创新了蔬菜根部病害系统抗性诱导技术。突破了非抗病品种线虫、枯萎病和青枯病三大土传病害防治的技术瓶颈，构建了以障因消除、抗性增强、按需精准施肥减少土壤盐渍化的"三位一体"连作障碍防控技术体系，形成了相应的国家和地方技术标准。目前，该技术体系已经在鲁、豫、冀、皖和浙等十省推广近百万公顷，每667m²增效益550～2 722元，经济效益约200亿元。

6 茶园害虫绿色防控技术

针对茶园缺乏高效害虫绿色防控技术的问题，攻克了昆虫视觉信号电生理筛选、性信息素微量组分鉴定等技术难点，研发出茶小绿叶蝉数字化色板，天敌友好型杀虫灯，灰茶尺蠖、茶尺蠖等茶树主要鳞翅目害虫性诱剂等绿色防控产品，实现了茶园害虫的精准、高效诱杀，对靶标害虫的诱杀效果显著，对天敌的误杀数量降低40%。针对水溶性农药在茶叶中的高检出率、在茶汤中的高浸出率的问题，提出吡虫啉和啶虫脒的高风险预警，筛选出虫螨腈等多种高效低水溶性农药作为替代品种。茶园害虫绿色防控技术对降低茶园化学农药用量效果明显，尤其对灰茶尺蠖的防治，几乎可不施化学农药。示范推广面积大，提升了我国茶园害虫绿色防控的水平，对保障我国茶叶质量安全和茶园生态安全发挥了重要作用。

［执笔人：张礼生研究员（中国农业科学院植物保护研究所科研处处长）］

黏虫监控技术研究与示范2017年度研究报告

1 研究背景

黏虫是全国农业上最重要的害虫之一，作物种植结构、气候和农田生境等因素影响其发生区域、发生为害程度。尤其是黏虫具有的远距离迁飞性、适生区域广泛性和种群聚集发生为害性，给生产上进行实时监测和准确预报带来了很大困难。自2014年以来，根据"黏虫综合防治技术研究与示范"（农业公益性行业项目）任务安排，陆续在黏虫北迁南回路径和为害严重区域设置高空测报灯，系统监测黏虫成虫全年北迁南回的种群发生动态，以期研究大区域黏虫种群发生规律，探索区域间虫源相关性，为做好黏虫的准确预报提供了重要依据。2017年在23个省（自治区、直辖市）26个县（市、区）安排了高空测报灯观测点，结合地面黑光灯诱测和人工普查结果，总结出黏虫北迁南回周年发生代次、发生区域和发生时间，对深入分析全国各区域黏虫发生规律具有指导意义。

2 材料与方法

2.1 试验工具

高空测报灯为1 000W卤化物灯，由探照灯、镇流器、漏斗和支架等部件组成，按要求进行安装、使用和管理，用220V交流电源。灯具安装在四周有围墙的观测场内，要求其周边无高大建筑物、强光源干扰和树木遮挡，最好设在楼顶、高台等相对开阔处，有220V交流电源条件。黑光灯按常规方法设置。

2.2 试验地点

在华南、江南、西南、长江中下游、黄淮、华北、西北、东北等黏虫发生区域的23个省（自治区、直辖市）建立了26个高空测报灯观测县（市、区）设置31台灯（名单见表3-1）。

表3-1 2017年高空测报灯设置地点和观测时间

序号	观测地点	观测时间
1	广西壮族自治区河池市宜州市	1月1日至12/31日
2	广东省梅州市蕉岭县	1月1日至4月30日，9月1日至12月31日
3	江西省吉安市万安县	1月1日至2月28日
4	湖南省怀化市芷江侗族自治县	1月1日至3月31日，9月1日至12月3日
5	云南省红河哈尼族彝族自治州弥勒县	3月1日至3月31日
6	云南省临沧市凤庆县	2月1日至10月31日
7	贵州省毕节市赫章县	1月1日至12月31日
8	重庆市丰都县	3月1日至9月30日
9	四川省绵阳市安州区	6月5日至12月31日
10	浙江省宁波市象山县	2月1日至10月31日
11	湖北省潜江市	4月12日至10月31日

序号	观测地点	观测时间
12	上海市奉贤区	2月21日至10月31日(7月7日至7月18日,9月24日至9月28日灯坏)
13	安徽省淮南市凤台县	3月1日至10月31日
14	江苏省盐城市东台市	2月16日至10月31日
15	河南省焦作市孟州市	4月1日至10月31日
16	山西省运城市万荣县	4月1日至10月20日(6月1日至6月3日,7月29日至7月31日,9月1日至9月5日灯坏)
17	山东省烟台市莱州市	5月1日全10月20日
18	山东省烟台市长岛县*	4月1日至10月31日
19	陕西省咸阳市兴平县	6月7日至11月20日
20	甘肃省平凉市庄浪县	5月1日至9月30日
21	河北省唐山市滦县	4月18日至10月20日
22	辽宁省阜新市彰武县(点1)	3月30日至9月30日
23	辽宁省阜新市彰武县(点2)	3月30日至9月30日
24	内蒙古自治区通辽市科尔沁区	4月20日至8月10日
25	吉林省松原市长岭县(点1)	4月24日至8月31日
26	吉林省松原市长岭县(点2)	4月24日至8月31日
27	黑龙江省哈尔滨市双城区(点1)	5月1日至7月31日
28	黑龙江省哈尔滨市双城区(点2)	5月1日至8月31日
29	黑龙江省佳木斯市富锦县(点1)	5月1日至8月31日
30	黑龙江省佳木斯市富锦县(点2)	5月1日至8月31日
31	黑龙江省佳木斯市富锦县(点3)	5月1日至8月31日

* 中国农业科学院植物保护研究所雷达观测站。

2.3 观测方法

根据黏虫发生规律规定观测期(具体时间见表3-1),在观测期内,逐日记载高空测报灯诱集黏虫的雌、雄成虫数量。虫量大时可混合均匀,等分计数,估计总虫数。单日诱虫量出现突增至突减之间的日期,记为发生高峰期。同时观测降水、风力和月亮亮度等天气现象的强度,强度均按强、中、弱进行记载。

2.4 虫情传输

依诱集虫量情况适时报送信息(原始记载表),虫量低时可每月月底上报,虫量高峰期每周及时上报。2017年各观测点月累计诱虫量、成虫盛期和虫量分别见表3-2。

表3-2 2017年各观测点月累计诱虫量

序号	地点	1月	2月	3月	4月	5月	6月	7月	8月	9月	10月	11月	12月
1	广西宜州	17	4	8	4	484	7	9	2	5	5	235	63
2	广东蕉岭	0	3	0	0					7	4	3	3
3	江西万安	25	27										
4	湖南芷江	0	0	1						0	0	0	0
5	云南弥勒			3	4	5	20	22					

（续）

序号	地点	1月	2月	3月	4月	5月	6月	7月	8月	9月	10月	11月	12月
6	云南凤庆		0	0	7	9	14	12	4	1			
7	贵州赫章	6	16	180	4	15	45	9	1	2	7	2	2
8	重庆丰都			83	735	394	963	425	210	566			
9	四川安州						1 179	51	100	0	19	3	0
10	浙江象山		3	149	37	29	3	5	0	3	5		
11	湖北潜江				29	42	31	20	2	16	3		
12	上海奉贤		0	12	11	5	18	28	147	385	13		
13	安徽凤台			3	8	99	204	51	116	141	9		
14	江苏东台		1	342	186	21	50	14	271	155	0		
15	河南孟州				1	23	177	35	98	6	0		
16	山西万荣				11	24	66	381	184	9	0		
17	山东莱州					232	1 386	674	111	129	11		
18	山东长岛				42	10 044	805	757	10 032	1 798	395		
19	河北滦县					288	160	615	7 789	6 155	12		
20	陕西兴平						245	1 007	264	118	40	2	
21	甘肃庄浪					0	28	5	12	14			
22	内蒙古科尔沁					4	18	357	11				
23	辽宁彰武1				0	0	2	173	55	46			
24	辽宁彰武2				0	25	93	249	0	49			
25	吉林长岭1					0	35	31	400	3			
26	吉林长岭2				2	8	43	177	7				
27	黑龙江双城1					0	55	48	622				
28	黑龙江双城2					0	43	44	385				
29	黑龙江富锦1					0	76	6	0				
30	黑龙江富锦2					0	65	4	0				
31	黑龙江富锦3					0	61	4	0				

3 全年种群动态

3.1 越冬成虫

华南江南、西南和长江中下游9个站点观测了2017年越冬黏虫发生情况，广西宜州、广东蕉岭、江西万安、贵州赫章、湖南芷江5个点进行了1～2月的观测，云南凤庆、浙江象山、上海奉贤、江苏东台4个点观测了2月黏虫发生数量。期间，湖南芷江、云南凤庆、上海奉贤未见虫，其他6个点见虫（表3-2）。其中，1月，江西万安、贵州赫章、广西宜州诱虫量较高，广西宜州于1月8日诱虫9头，为1、2月的最高值；江西万安2月6日诱虫8头，广西宜州2月4日、贵州赫章2月28日诱虫4头，广东蕉岭2月3日诱虫3头。各观测点未观测到明显的盛发期。

3.2 越冬代成虫

3～4月，华南江南、西南、长江中下游和黄淮共计15个点观测了越冬代成虫发生情况。期间，

（续）

广东蕉岭未见虫，广西宜州、云南凤庆、湖南芷江、湖北潜江、上海奉贤、安徽凤台累计虫量不足30头，湖北潜江4月18日诱虫量6头，其他点日诱虫量为1～2头，无明显峰日。贵州赫章、重庆丰都、浙江象山、江苏东台累计诱虫量达180～800头，江苏东台3月中旬至4月中旬持续见虫，3月30日最高诱虫量37头；浙江象山分别于3月20日和22日诱虫56头，未见盛发期；贵州赫章于3月上、中旬见盛发期，3月4日和3月18日见10头和35头的峰值；重庆丰都持续见虫，4月中、下旬为盛发期，4月18～25日日诱虫量为40～68头。山东长岛、山西万荣、河南孟州见虫1～42头，长岛4月29日诱虫11头。可见，越冬代成虫发生范围北扩，西南和长江中下游地区见虫量高。

3.3　一代成虫

5～6月，西南、长江中下游、黄淮、西北、华北、东北地区和广西宜州等21个站点观测一代成虫发生情况。广西宜州5月15～18日出现盛发期，5月15日峰日虫量171头；重庆丰都5月下半月持续见虫；贵州赫章盛发期不明显，6月出现3个单日7头的峰日；四川安州区6月8～28日为盛发期，6月14日、18日、26日出现150～300头的峰日。黄淮地区诱虫量较高，长江中下游、华北、东北和西北也诱到一定虫量，盛发期多在5月下旬至6月中旬。长江中下游5个观测点中，安徽凤台诱虫量最高，5月30日至6月3日出现明显盛发期，6月1日诱虫量达71头；浙江象山和江苏东台分别于5月26日和5月31日见10余头的峰日；上海奉贤、湖北潜江虫量较低。河南孟州5月底至6月上旬见盛发期，6月6日峰日39头。山西万荣6月中旬见盛期，6月11日诱虫13头。山东长岛和莱州盛发期长、诱虫量高，山东长岛5月30日诱虫量达9 534头，山东莱州6月5日、25日诱虫141头、263头。河北滦县5月下旬末至6月上旬初见10d以上的盛发期，5月31日诱虫233头。甘肃平凉6月12日诱虫7头，无盛发期。辽宁彰武、吉林长岭、黑龙江双城和富锦见盛发期，峰日虫量在10头以上。

3.4　二代成虫

7月至8月上旬，西南、长江中下游、黄淮、西北、华北、东北地区和广西宜州等21个站点观测二代成虫发生情况。重庆丰都持续见虫；四川安州7月18～22日见盛发期，7月18日峰日虫量为10头；广西宜州、云南凤庆和贵州赫章诱虫量较低，无盛期。长江中下游5个点和河南孟州未见明显盛发期，河南孟州、安徽凤台、上海奉贤于7月11日、15日、25日见10多头的峰日。甘肃庄浪零星见虫。二代成虫在黄淮、华北和东北地区各观测点虫量高、盛期长，其中山东长岛、山东莱州和山西万荣7月下半月为盛发期，7月24日、7月21日和7月15日三点峰值分别为208头、91头和38头。东北地区，黑龙江富锦诱虫量极少，其他4个观测点6台灯均见10d左右的盛发期，吉林长岭、黑龙江双城（两台灯）和内蒙古科尔沁7月19日、20日、27日见101头、109头、169头、167头的峰值，辽宁彰武两台灯7月23日和24日见23头和36头的峰日。河北滦县7月19日后持续处于盛发期，7月24日、8月5日虫量分别为161头和258头。

3.5　三代成虫

8月中旬至9月下旬，西南、长江中下游、黄淮、西北、华北、东北地区和广西宜州等21个站点观测三代成虫发生情况。甘肃庄浪零星见虫。辽宁彰武9月初见10～20头的虫峰，无盛发期；吉林长岭8月中、下旬仅诱虫1头，黑龙江富锦未见虫。河北滦县此阶段是诱虫量最高和持续时间最长的点（7月下旬至10月初），8月18日至9月5日、9月13～16日诱虫量在百头以上，8月23日、9月10日和16日峰日虫量分别为1 834头、1 870头和1 440头，9月26日仍诱虫139头。山东长岛8月中旬至9月底持续见较高虫量，8月26日诱虫3 968头。山东莱州、山西万荣和河南孟州出现数天的盛发期，峰日虫量为20多头，山东莱州自8月16日见虫后诱虫量也是持续不断。长江中下游地区的浙江象山和湖北潜江零星见虫，但江苏东台、安徽凤台和上海奉贤盛期长、诱虫量高，上海奉贤9月1日诱虫128头。重庆丰都持续见虫，四川安州8月中、下旬见低虫量的盛期，湖南芷江、贵州赫章和云南凤庆未见虫。

广西宜州、广东蕉岭和福建霞浦零星见虫。

3.6 四代成虫

华北、黄淮和长江中下游地区9个观测点10月零星见虫。西南、江南和华南地区10～11月6个观测点诱虫量差异大,广西宜州、福建霞浦、四川安州诱到一定虫量,其中广西宜州11月下半月出现4个30～80头的峰日,有11d持续见虫。12月,广西宜州也是见虫量相对多的点,12月6日诱虫19头;广东蕉岭和贵州赫章仅诱2、3头虫,四川安州无虫。

4 结果与讨论

4.1 明确了黏虫的越冬区域

30°N以南的8个点冬季都见虫,其中以27°N以南的点虫量较多,广西宜州24.50°N、云南凤庆24.58°N、江西万安26.47°N、贵州赫章27.13°N等位置最南的几个点虫量最高,湖南芷江27.45°N、浙江象山29.48°N也有一定数量,30°N以北的点如上海奉贤30.92°N、江苏东台32.85°N可见少量虫。1、2月,各观测点诱虫量总体不高,未观测到黏虫数量多的同期突增现象,即区域性种群间交流不明显。

4.2 明确了黏虫的北迁南回路径

2014—2017年观测情况看出,浙江象山、上海奉贤、江苏东台、山东长岛、河北滦县是全年黏虫成虫北迁南回的重要通道。其中,浙江象山、上海奉贤和江苏东台观测了春季3～5月北迁和夏秋季南回的情况。其中,浙江象山和江苏东台虫量3～4月远远高于9～10月,而上海奉贤不同年间有差异。山东长岛、河北滦县秋季南回的虫量一般比春季北迁的虫量高,可见,以上各点是黏虫春季北迁和秋季南回的重要通道,不同地点和同一地点不同年份北迁和南回作用大小表现不一,可能与虫源量大小有关。

4.3 加强西北黏虫发生规律研究

2017年7月底开始,黑龙江南部、吉林中西部、内蒙古东部和西部、山西南部、陕西北部、宁夏中东部,以及山东威海和天津静海等地局部出现三代黏虫的高密度和集中为害田块,其中,宁夏盐池、同心、红寺堡等地偏重发生,严重的玉米田田块百株虫量高达2 000～4 000头,在发生区域中密度最高。巴彦淖尔、鄂尔多斯、阿拉善等西部地区罕见发生了高密度黏虫,除了玉米遭受严重的危害,高粱上黏虫虫量也明显高于常年,还出现了与棉铃虫在同一田块混合为害的情况。喜中温和高湿的黏虫在高温、干旱的西部地区罕见发生,何地提供虫源以及暴发的机制有待研究。

(执笔人:姜玉英、刘 杰)

转基因专项课题"农业生态风险监测与控制技术"2017年度报告

专题名称：抗虫棉花与抗虫玉米的农田风险区域性监测

1 研究计划

"农业生态风险监测与控制技术"属农业部下达的转基因生物新品种培育重大专项课题，由中国农业科学院植物保护研究所主持，全国农业技术推广服务中心承担"抗虫棉花与抗虫玉米的农田风险区域性监测"专题。研究内容有：在全国三大棉区开展棉花节肢动物种群系统监测；研发玉米节肢动物监测技术；在黄淮海和东北玉米主产区开展玉米节肢动物系统监测。

2 主要进展

2.1 全国三大棉区开展棉花节肢动物种群系统监测

长江流域、黄河流域、西北内陆三大棉区13个棉花主产省累计200余个区域站完成了棉铃虫、棉蚜、棉叶螨、棉盲蝽和棉红铃虫模式报表填报，积累了种群动态分析的第一手资料，同时为及时掌握虫情发生动态、做好全国预报提供了重要依据。

2.2 开展棉铃虫性诱效果研究

在首次发生棉铃虫的宁夏19个县和内蒙古西部3个市试验棉铃虫性诱技术，为区域监测提供了有效手段，监测数据对于分析虫源和预报发布提供了重要依据。

在河北馆陶和安新、甘肃银川等地5～9月玉米田做了棉铃虫"赛扑星"新型性诱智能测报系统效果试验。结果表明，监测数据能反映成虫的发生动态和消长规律，峰期和峰日与灯诱效果一致，自动计数准确率较高。如甘肃银川逐日诱蛾量与普通性诱诱捕器的逐日诱蛾量达到了极显著相关水平，逐日诱蛾量自动计数和实际诱蛾量达到极显著相关。河北安新越冬代效果明显优于佳多灯，蛾盛期、峰值更明显，指示性更强；一代性诱量低于佳多灯，但蛾盛期、峰值也较为明显，能反映田间虫量的消长变化，且二者间蛾量消长动态吻合，但性诱对二、三代棉铃虫的诱集效果明显下降，诱集虫量明显低于佳多灯，不能反映田间虫量的消长变化。分析诱集虫量明显偏少的原因，能是电源出现断电导致系统的网关有时处于离线状态，有待设备研发企业改进，以提高计数准确率和设备稳定性。

2.3 开展棉铃虫高空测报灯诱测试验

在黄淮、华北和东北地区11个观测点进行高空测报灯棉铃虫等迁飞性害虫的联合监测，根据华北等地灯下虫量比常年增加数十倍的监测信息，及时发出了"警惕二代棉铃虫加重为害多种作物，三、四代呈重发态势，玉米、花生、大豆等多种作物存在严重受害的威胁"的预警信息，指导各地及时防治。高空测报灯监测数据为分析区域间种群变动规律提供了基础数据，也为监测其他迁飞性害虫提供了重要技术手段。

2.4 完成棉花病虫草害调查诊断与决策支持系统开发

"棉花病虫草害调查诊断与决策支持系统"（APP）立足于棉花种植者和基层农技推广人员使用，

具有棉花虫害、病害、草害、药害、生理性病害图片知识库和文字知识库，可实现知识查询、鉴别诊断、在线专家会诊和数据的上报下发，可在线、离线使用。该软件于2017年5月获得软件著作权。为普及该系统的应用，还配套编写了相应书籍，于2017年9月出版，在全国18个省（自治区、直辖市）植保生产和科研部门发行5 000册，目前在新疆维吾尔自治区和新疆生产建设兵团受到广泛欢迎。

2.5　新疆棉花、玉米病虫识别与监控技术培训

　　全国农业技术推广服务中心与中国农业科学院植物保护研究所于2017年8月8～9日在新疆乌鲁木齐联合举办了全国棉花病虫害绿色防控技术培训班。来自14个棉花生产省（自治区、直辖市）植保推广系统、新疆生产建设兵团、国家棉花产业技术体系新疆综合试验站以及新疆科研教学单位共100余人参加了培训。邀请来自科研、教学和推广单位的12位专家重点讲授了棉田生态系统管理和绿色防控新理念、棉花重大病虫害绿色防控技术、近几年棉花病虫害发生特点趋势和应对措施，还进行了棉花病虫害绿色防控技术田间培训，实地观摩了棉铃虫食诱和性诱等工具的应用效果。培训代表普通反映，培训内容紧扣目前我国农业绿色发展主题和2020年农药使用量零增长行动要求，专家讲授的绿色防控理念、技术与产品、应用策略和发展趋势，对促进各地尤其是新疆棉花病虫害绿色防控技术措施的实施具有重要促进作用。

（执笔人：姜玉英、刘杰）

"五大种植模式区主要病虫害的监测预警技术及信息化预警平台"课题研究任务2017年度执行情况总结

2016—2020年，全国农业技术推广服务中心承担中国农业大学主持的国家重点研发计划粮食丰产增效科技创新专项"粮食主产区主病虫草害发生及其绿色防控关键技术"课题"五大种植模式区主要病虫害的监测预警技术及信息化预警平台"的子任务"重大虫害性诱监测技术研究及预警公共平台示范应用"。2017年，按照课题任务书，积极开展研究工作。

1 研究任务概况

研究建立主要农作物病虫害高空灯及性诱自动监测方法，明确病虫害预测关键因子，集成各预警模型，组建监测预警系统公共平台，并进行校验和应用示范。

1.1 主要研究内容

通过研究，建立性诱监测稻纵卷叶螟、玉米螟、黏虫种群发生动态的方法；开展稻飞虱、稻纵卷叶螟、稻瘟病、玉米螟、黏虫、玉米大斑病、小麦条锈病、小麦赤霉病、小麦蚜虫等重大病虫害预测关键因子研究；搭建重大病虫害监测预警系统公共平台；在东北、黄淮海、长江中下游粮食主产区选择代表性区县，测试监测预警系统平台，并进行应用示范。

1.2 考核指标

建立1～3种重大害虫性诱自动监测方法；搭建重大病虫害监测预警系统公共平台；组织系统平台示范运行、测试改进；发表核心期刊研究论文3～5篇；完成年度进展报告。

1.3 年度研究计划

1.3.1 2016年

签订任务书，完成年度进展报告。

1.3.2 2017年

开展重大害虫性诱监测技术研究、重大病虫预测关键因子研究，完成年度进展报告。

1.3.3 2018年

继续开展重大害虫性诱监测技术研究、重大病虫预测关键因子研究，根据课题提供的监测预警模型系统，研究搭建公共平台，完成年度进展报告，发表论文1篇。

1.3.4 2019年

继续开展重大害虫性诱监测技术研究、重大病虫预测关键因子研究，建立1～2种性诱监测技术方法；根据课题提供的监测预警模型系统，搭建完善公共平台，并在三大粮食主产区选择2～3个县开展平台应用，完成年度进展报告，发表论文1～2篇。

1.3.5 2020年

研究总结，建立1～2种性诱监测技术方法；继续组织平台示范应用，完成年度进展报告，发表论文1～2篇。

2 2017年执行情况

2.1 开展重大病虫调查监测，掌握病虫发生动态

鉴于小麦条锈病严重发生形势，1月14～18日和3月13～18日，分别组织技术人员赴河南、湖北和陕西、山西进行小麦条锈病等小麦重大病虫害调查，掌握小麦条锈病发生动态。调查发现，湖北和河南病情与早春3～4月相当，扩展时间之早、范围之广、速度之快、程度之重，为历史同期罕见，重发态势明显，对主产麦区小麦安全生产威胁大。其中，湖北襄阳、荆门、荆州等地点片发生，局部田块扩展速度快、发病程度重；襄阳老河口，荆门钟祥、沙洋等地局部田块发病中心多、扩展快；老河口发现中心病团25个，多数发病中心病叶严重度达80%以上；沙洋部分田块已呈扩散趋势，发病田除底部叶片外，部分已上升至上部叶片。河南在南阳唐河、淅川、新野和驻马店正阳2市4县见病，发生面积0.17万hm²，多零星发生，部分发病中心0.5～8m²，严重度5%～80%，其中唐河病田率达20%。发生时间之早、病点之多、严重度之高，为近30年罕见。

11月中、下旬，为准确掌握2017年农作物重大病虫越冬基数，做好2018年发生趋势预测，组织植保机构和科研单位的有关专家赴江西、福建、河南、山东、陕西、甘肃6省17个县（区）开展了重大病虫冬前基数调查活动。据调查，江西和福建两省二化螟田间基数高于2016年，局部未防田块每667m²虫量超42万头，大螟在福建局部田块虫量超过二化螟发生量；调查点均查见一定虫量的稻飞虱，部分地区见稻纵卷叶螟。甘肃省冬小麦秋苗期条锈病呈现发生范围广、发病程度重、部分区域菌源量大的特点，发病面积20.07万hm²，较2016年同期增加9.73万hm²。河南和山东省调查地棉铃虫虫蛹在玉米田较易查见，田间基数高于前几年；大部分田块玉米螟、桃蛀螟、大螟虫量重于常年，桃蛀螟在玉米秸秆的越冬虫源中占比明显上升。二点委夜蛾和东亚飞蝗基数偏低。

图3-1 专家在开展越冬基数调查

2.2 开展害虫性诱监测技术研究

在近年工作的基础上，2017年，建立稻纵卷叶螟、玉米螟、黏虫性诱调查技术方法，制、修定了国家标准《稻纵卷叶螟测报技术规范》《玉米螟测报技术规范》和《黏虫性诱测报调查技术规范》，标准中对稻纵卷叶螟、玉米螟和黏虫的性诱监测时间、方法、性诱器设置方法、诱芯更换周期等进行了规范，指导各地规范化开展害虫性诱。

2.3 开展重大病虫害发生影响因素研究

初步明确了西太平洋副热带高压对长江下游地区褐飞虱发生的影响。气候条件和气象因子是昆虫迁飞的重要影响因子，如季节性的大气环流。大气的大尺度运动为所有的天气和气候事件提供了条件。因此，迁飞性昆虫的种群数量可能会因季节性大气环流的波动而变化，但人们对其具体过程知之甚少。西太平洋副热带高压是影响东亚天气和气候的主要环流系统。通过每年监测东亚地区褐飞虱的迁飞动态和西太平洋副热带高压的发展动态，分析了1977—2003年近30年的数据，结果表明褐飞虱7月大量迁入长江下游稻区，并在有强副热带高压的年份暴发成灾；强副热带高压还增强了华南地区的西南气流，为褐飞虱的长距离迁飞提供了快速通道。另外，长江和淮河流域降水的增加形成了一个雨带屏障，迫使褐飞虱在长江下游降落。所以，迁飞性昆虫的种群动态受季节性大气环流造成的气候条件的波动影响而变化。

初步明确2017年小麦条锈病大流行的发生特点及影响因素，分析明确了该病的空间分布动态和各发生区可能的菌源关系。2017年，小麦条锈病在我国黄淮海麦区大范围流行，病害发生范围波及全国18个省（自治区、直辖市）的866个县，向北扩散至41°N的内蒙古五原县，向东扩散至121°E的山东烟台、威海，发生面积556万 hm^2、主要发生麦区平均病叶率在2.5%～40%、病害严重度在5%～35%、病害扩散速率在0.007～0.1234，表现出汉水流域及黄淮南部见病时间早、扩散速度快、黄淮海麦区流行范围广等特点，研究分析认为极端暖冬气候、春季多雨适温气候条件和主产麦区缺乏抗性品种等因素是导致2017年全国小麦条锈病大流行的主要原因。西南及陕西关中地区菌源可能是河南南部和湖北江汉平原病害发生的主要菌源。

2.4 开展预警平台框架研究

根据课题对全国农业技术推广服务中心研究任务安排，搭建五大种植模式区主要病虫害信息化预警平台是最重要的研究任务。2017年，主要工作是制订平台开发建设方案，研究了平台基本构架，初步形成了平台构建方案。

（执笔人：黄冲、陆明红、刘杰）

2017年中越水稻迁飞性害虫监测与防治合作项目总结

1 项目基本情况

水稻迁飞性害虫（稻飞虱、稻纵卷叶螟，简称"两迁"害虫）是为害我国水稻生产的主要害虫，具有远距离跨境迁飞的特性。因此，及时、准确掌握越南等水稻迁飞性害虫虫源国家水稻迁飞性害虫发生和防治动态，对提高我国迁飞性害虫监测预警的早期预见性和综合防控能力意义重大。2017年，农业部国际合作司和财务司共批复全国农业技术推广服务中心该项目经费35万元，实际支出35万元，经费执行率为100%。根据项目合作内容，2017年全国农业技术推广服务中心与越南农业部植物保护局继续加强沟通、密切合作，加强双边水稻病虫害发生信息及测报防治技术的交流，项目进展顺利，取得了显著成效。

2 2017年开展的主要工作

2.1 制订方案，开展合作

根据《中华人民共和国农业部与越南社会主义共和国农业与农村发展部关于开展水稻迁飞性害虫监测治理技术合作协议》内容，2017年3月，全国农业技术推广服务中心与越南农业部植物保护局协商，制订了《2017年中越水稻迁飞性害虫防治合作项目工作方案》，上报国际合作司批准，为2017年项目的顺利开展奠定了基础。

2.2 援赠越方专用设备，增建联合监测点

为支持越南植保部门搞好病虫害监测工作，提高越南监测预警水平，保障项目取得成效，2017年项目援赠越南联合监测点测报专用设备2套，主要包括太阳能虫情测报灯、体视显微镜、田间小气候仪等设备，均已按期通过口岸转交越方。

2.3 派团赴越开展调查交流

2017年6月6～10日，全国农业技术推广服务中心组织了以国际合作处程映国处长为团长的6名专家赴越开展水稻病虫调查交流活动，了解了2017年春季越南水稻迁飞性害虫的发生情况，分析了其对我国2017年水稻病虫发生的影响，并与越方项目合作单位就2017年的计划进行了对接，开展了技术交流和讨论。

2.4 接待越方交流考察团

2017年11月6～10日，接待越南农业和农村发展部植物保护局阮贵洋副局长为团长的代表团一行4人在广东考察交流。活动期间，中越双方专家参观了广东省博罗县现代农业科技展示中心、农业科技示范场、蔬菜绿色防控示范基地等，交流了近年来水稻迁飞性害虫和南方水稻黑条矮缩病的发生动态及监测防控技术研究进展，总结评估了2017年项目实施成效，并对下一步工作开展了交流和研讨，进一步促进了双边合作。

2.5 虫情信息交流

按照项目合作协议，中越双方各4个项目联合监测点继续按照双方制定的"两迁"害虫调查方法

定期开展虫情调查，中方5～9月、越方2～6月，每两周按时交流虫情信息1次。

3 取得的成效

项目实施以来，通过中越双方的共同努力，项目取得了显著的进展和成效，完成了预期成果。

3.1 建立了水稻"两迁"害虫监测与防控合作机制

中越双方通过每年在水稻迁飞性害虫发生关键时期，定期交换迁飞性害虫及其传播的病毒病的发生信息，定期互派专家技术人员实地考察和交流研讨水稻迁飞性害虫发生情况及监测预警与防控技术，建立了水稻"两迁"害虫监测与防控合作机制，为水稻迁飞性害虫及其传播的病毒病的早期预警提供了技术指标，为水稻病虫害异地预测提供了理论依据，提高了水稻病虫害发生的早期预见性和防控主动性，实现了中越两国水稻病虫害协同共治，保障了两国粮食安全和"一带一路"倡议实施。

3.2 掌握了水稻迁飞性害虫跨境往返迁飞为害的发生规律

越南冬春稻区是我国早期"两迁"害虫的主要虫源地，尤其是越南的中部和北部稻区对我国早稻有直接影响。每年3月中旬至4月初，越南中部水稻陆续进入抽穗灌浆期，稻飞虱陆续迁出，而我国从3月中旬开始，在海南、广东、广西等华南早稻区陆续出现迁入峰。研究结果表明，越南中部稻飞虱的发生动态可作为我国稻飞虱迁入期、迁入量和主降区的早期预警指标。4月下旬，稻飞虱陆续迁出越南北部，作为越南水稻生产的第二大稻区，越南北部稻飞虱的迁出范围广、虫量大；与此同时，中国华南、西南和江南南部稻区能监测到单灯单日千头以上稻飞虱同期突增峰，峰期持续时间长，迁入虫量大。因此，越南北部稻飞虱发生动态可作为我国早稻中后期的稻飞虱迁入期、迁入量和主降区的预警指标。9～10月，随着中国长江流域及以南稻区水稻的成熟，伴随西北季风、大量的害虫南迁，又成为越南中北部广大稻区的外来虫源。这一规律的阐明为提高两国水稻迁飞性害虫的监测和治理水平奠定了理论基础。

3.3 明确了南方水稻黑条矮缩病随白背飞虱跨境传播为害的大区流行规律

南方水稻黑条矮缩病是由近年新发现的一个病毒新种引起的，它是由白背飞虱带毒并在中国南方稻区和越南中北部等稻区跨境传播、大范围流行为害的病毒病。每年春季3～4月，受西南季风影响，带毒白背飞虱从越南的中部和北部向中国的华南、江南稻区迁入，带毒白背飞虱通过取食当地稻株，完成传毒和传播为害；5月下旬至6月中、下旬继续北迁至长江中下游和江淮稻区传毒为害；8月下旬开始，受东北季风的影响，白背飞虱由长江中下游等稻区再回迁到越南中北部稻区，带毒白背飞虱又将长江流域和江南等地的毒源带回越南中北部，与当地毒源一起成为越冬毒源，从而完成一个大区的侵染传播循环。这一研究成果为我国近年来快速控制南方水稻黑条矮缩病传播流行发挥了关键作用。

3.4 促进了水稻病虫害监测预警和防控技术进步

通过实施该项目，双方每年定期互派专家技术人员实地考察和交流研讨水稻迁飞性害虫发生情况及监测预警与防控技术，相互学习对方的先进经验，并定期交流、交换病虫害的发生信息，对于促进水稻重大病虫害监测预警和防控技术进步、提高综合治理水平、减轻病虫灾害损失和保障粮食丰收具有重要意义。

4 下一步合作建议

4.1 加强监测网络建设

越南每年水稻种植面积近800万hm²，相当于我国每年水稻总面积的27%，分红河平原、北方丘陵及山区、北中部及中部沿海、西原、东南部、九龙江平原六大稻区。2010年项目实施以来，双方虽已建立4个联合虫情监测点，但对于广大的越南稻区来讲明显偏少，建议结合本项目实施进一步增加联合站点建设，使联合监测站点数量达到10～15个，以进一步提高监测数据的代表性。另外，中越两国互为迁飞性害虫虫源地，加强虫情信息交流的时效性对于提高迁飞性害虫灾害发生的早期预见性极为重要。因此，建议建立一个病虫害信息共享平台，帮助越方从技术路线上规划构建病虫害监测网络，推进水稻迁飞性害虫联合监测和信息共享，促进迁飞规律的研究，拓展和深化国际合作。

4.2 加强技术培训力度

为提高共享数据的准确性和及时性，提升我国水稻迁飞性害虫的早期预警能力，达到项目预期效果，建议加大对越方植保技术人员的技术培训力度。①加强对常规监测预警技术的培训，包括水稻病虫害鉴定识别、病虫调查与预测预报方法、测报数据积累与分析、测报灯设备维修维护等技术的培训。②加强对新型测报技术的培训。近年来，随着大数据、人工智能等网络信息技术的快速发展，我国农作物重大病虫害监测预警技术向数字化和智能化迈进了一大步，初步建成了"农作物病虫害数字化监测预警系统""重大害虫远程实时监控系统"等。为提高今后监测数据的规范性和一致性，建议向越方提供农作物重大病虫害监测预警技术的数字化和智能化方面的指导，推进项目发展。③拓宽培训的渠道和内容。给越方提供其他国际培训项目的渠道，延伸培训内容，拓宽培训范围，建立更加专业的国际合作团队。

4.3 加快监测设备国际化进程

监测数据的统一性离不开标准化的监测设备。近年来，依托项目开展，我国给越南提供了多套专业的病虫监测设备，包括自动虫情测报灯、虫体鉴定实体解剖镜、田间小气候仪等。但调查发现，这些设备的使用维护说明均为中文，不利于越南植保技术人员的日常使用和管理，经常因设备不能正常运转而造成数据的不连续，一定程度上影响了项目实施效果。建议国内相关厂家逐步建立国际售后服务体系，提供英文使用维护说明，适应当地的使用需求，进一步提高测报专业监测设备的国际化程度，加快监测设备国际化进程。

（执笔人：陆明红）

2017年中韩水稻迁飞性害虫与病毒病监测合作项目工作总结

1 项目背景

稻飞虱和稻纵卷叶螟是东亚和东南亚水稻主产区最主要的害虫，具有远距离跨境迁飞的特性，每年随季风在各国间北迁南回。我国与韩国害虫发生具有密切关系，开展中韩两国间水稻迁飞性害虫发生信息交流和监测预警技术合作，对有效控制害虫为害和做好早期预警具有重要意义。2017年，在中韩两国农（林）业部的高度重视和支持下，全国农业技术推广服务中心与韩国农村振兴厅通过监测点管理、专家互访、病虫情交流、召开国际研讨会等方式加强沟通、密切合作，项目进展顺利，达到了预期效果。

2 2017年项目开展的主要工作

2.1 加强虫情监测与信息交流

根据项目合作协议，全国农业技术推广服务中心于3月及时安排部署监测任务，其中广东惠阳、广西灵川、福建同安、江西万安、湖南长沙、浙江诸暨植保站（农技中心）6个监测点在5~8月监测褐飞虱、白背飞虱、稻纵卷叶螟的灯下、田间发生数量，且在发生高峰期采集样本2~3次；安徽庐江、江苏姜堰植保站2个监测点在5~6月监测灰飞虱灯下、田间发生数量发生动态，在发生高峰期采集样本2~3次；江苏姜堰、浙江嘉兴、上海奉贤植保站（农技中心）3个监测点在4~6月监测黏虫性诱虫量发生动态；广东省农业有害生物预警防控中心和江苏姜堰植保站在6月分别监测南方水稻黑条矮缩病和水稻条纹叶枯病的发生情况并采样。为增强项目实施效果，全国农业技术推广服务中心4~8月每周通过电子邮件的方式将中国9省（直辖市）10个监测点的数据及时发送给韩国农村振兴厅，提高了两国对水稻迁飞性害虫的早期预见性和综合防控能力。

2.2 专家互访，开展实地调查

2.2.1 韩国专家访华

5月31日至6月5日，韩国农村振兴厅组织9名专家来我国开展水稻迁飞性害虫与病毒病考察交流活动。全国农业技术推广服务中心安排代表团先后赴江苏姜堰、太仓，浙江桐乡、诸暨，上海崇明等地实地开展调查和技术交流。考察期间，韩国代表团与当地植保技术人员一起实地调查了灰飞虱等病虫害发生基数情况，采集了灰飞虱样本，观摩了江苏省农作物病虫害新型测报工具应用与标准化观测场和太仓市现代植保技术综合展示基地，并开展了新型测报工具应用技术交流研讨。

7月16~19日，以KIM SEUNG TAEK高级指导官为团长的韩国农村振兴厅代表团一行8人先后赴广西壮族自治区灵川县、兴安县，湖南省长沙县，与全国农业技术推广服务中心人员一起开展了水稻迁飞性害虫与病毒病联合调查交流活动。代表团实地调查了当地水稻迁飞性害虫的监测预警设备及田间发生情况，座谈交流了2017年水稻迁飞性害虫发生概况、项目合作实施情况和水稻迁飞性害虫监测预警技术等内容。双方一致认为，近年来通过实施水稻迁飞性害虫与病毒病监测合作项目，水稻迁飞性害虫发生机制和监测预警技术研究取得了重要进展，希望今后继续加强技术合作和信息交流，全面提高水稻迁飞性害虫监测预警和防控治理能力，为保障两国水稻生产安全和粮食丰收作出更大贡献。

2.2.2 中国专家赴韩

9月11～16日，全国农业技术推广服务中心组团赴韩国执行中韩水稻迁飞性害虫及病毒病监测合作项目任务。赴韩期间，代表团先后访问了韩国农村振兴厅技术支援局、农业展览馆、种质资源库、庆尚南道密阳县的国家粮食科学院的南部中心、庆尚北道庆州市农业推广中心、庆州市稻谷加工厂等单位。通过这次交流访问，了解了韩国农业的发展史、韩国农业推广系统的建设、韩国农协的组织体系及职能、韩国水稻病虫发生情况，以及韩国测报的新技术，并商定了下阶段合作建议。

2.3 年终总结评估

11月27日至12月1日，以韩国农村振兴厅郑准镕课长为团长的韩国专家代表团一行10人来我国开展年终总结评估和技术交流活动。活动期间，中韩双方专家交流了近年来水稻迁飞性害虫、南方水稻黑条矮缩病及水稻条纹叶枯病的发生动态及监测防控技术研究进展，总结评估了项目第三期（2013—2017年）合作成效，初步协商了第四期（2018—2022年）项目合作内容。应代表团要求，全国农业技术推广服务中心安排代表团到浙江大学农业与生物技术学院的昆虫科学研究所、国家自然科学基金创新研究群体，浙江省嘉兴市嘉善县水稻迁飞性害虫智能监测网虫情监测点、宁波纽康生物技术有限公司等地考察交流。韩方专家认为，中国近年来在农业信息化建设、植保智能化发展等方面取得了重大成果，尤其在水稻迁飞性害虫智能监测和性诱监测防控技术方面十分先进，希望今后继续深化合作，不断拓展合作范围，为两国农业发展和粮食安全、农产品质量安全作出新的贡献。

3 进一步做好中韩合作项目的建议

3.1 拓宽合作内容

2017年是中韩水稻迁飞性害虫与病毒病监测合作项目（2013—2017年）的最后一年，本期项目执行切实促进了中韩两国水稻病虫害监测防控技术发展，提高了中韩两国水稻病虫的早期预见性及防控主动性，为保障水稻生产安全作出了积极的贡献。双方建议，在本期成功合作的基础上，应积极探讨下一期合作内容和方式，拓宽合作内容，改进合作方式，力求项目向更高层次、更广领域深入推进。

3.2 加强技术交流

韩国农村振兴厅及各级植保机构十分重视测报技术的创新，紧跟现代科技发展步伐，开发先进实用的监测预警设备和技术，促进监测预警技术水平的提高。近年来，韩国开发应用害虫性诱诱捕器，包括稻纵卷叶螟、黏虫、蟓的性诱监测设备；建成了韩国农作物迁飞性害虫高空监测网，开发了基于人工智能的害虫自动识别系统，实现了对高空迁飞性害虫的自动捕获、成像处理、自动识别和数据上报等功能。建议与韩国加强技术交流，尤其在新型测报工具的研发应用方面，两国相互学习、相互借鉴，不断提高重大病虫害监测预警的自动化、智能化水平。

3.3 学习先进经验

建议学习借鉴韩国植保立法经验，加快国内植保立法进度，将农作物病虫害监测与防控尽快纳入法制化管理。学习借鉴韩国重视农技研究和推广体系建设经验，形成一支科研与推广为一体的完整的机构和网络，提供满足工作需要的经费支持，保证成果直接用于生产。

（执笔人：陆明红）

2017年全国病虫测报工作大事记

1 全国农业技术推广服务中心联合国家小麦产业技术体系开展小麦条锈病调查督导活动

　　受冬季气温偏高、田间湿度大等有利因素影响，小麦条锈病在豫南、鄂北及江汉平原、西南、西北麦区呈发病早、范围广、扩展快、发生重等特点。为及时掌握病情发展情况，指导做好病害早期防控，2017年1月15～18日，全国农业技术推广服务中心联合国家小麦产业技术体系专家赴河南、湖北两省开展小麦条锈病冬繁情况调查和督导活动，实地调查了河南南阳、湖北襄阳和荆门3市6县小麦条锈病发生情况，并研讨分析了重发原因和未来发生态势，提出了预防控制措施（图4-1）。

图4-1　全国农业技术推广服务中心联合国家小麦产业技术体系开展小麦条锈病调查

通过本次调查督导活动，进一步了解了2017年小麦条锈病冬季发生新情况和各地防控进展。目前小麦条锈病冬繁区域广，扩展速度快，病情程度重，严重威胁黄淮海主产麦区小麦安全生产，督促各地进一步加强条锈病调查监测，全面掌握发生范围和态势，及时指导开展病害分类防控，压低菌源基数，控制扩散为害，保障小麦丰产丰收（图4-2）。

图4-2   专家实地调查小麦条锈病发生情况

2   开通病虫情报微信公众号，病虫发生信息服务方式的又一创新

近年来，为提高病虫情报的覆盖面和到位率，适应农业经营方式转变和新型经营主体发展对病虫情报信息的新需求，全国农业技术推广服务中心创新实施了"电视—广播—彩信—网络—情报"五位一体的预报发布模式，极大地提高了预报信息的覆盖面和到位率，为领导决策和农民防控提供了及时准确的信息服务，在保障国家粮食安全中发挥了重要作用。

随着新媒体和智能手机的发展，微信公众号作为重要的信息服务平台，日益成为开展公共服务的重要手段，受到社会各界的普遍关注，也是政府部门发布信息的重要渠道。为进一步提高病虫情报服务的时效性、覆盖面和到位率，2017年2月，全国农业技术推广服务中心开通了病虫情报微信公众号（图4-3），制定了病虫情报微信公众号使用规范，面向管理部门、测报技术人员、农业生产者和专业化防治组织等提供病虫情报服务，指导开展病虫害防治。2017年，吉林、江苏、天津等省（直辖市）也相继开通微信公众号，开展病虫情报发布服务。

2017年，病虫情报微信公众号共发布37期病虫情报，受到管理部门和广大测报技术人员的广泛关注，反响良好。用户可通过在手机微信公众号内搜索"病虫情报"或"bingchongqingbao"关注订阅最新的病虫情报。

图4-3　病虫情报微信公众号发布的部分植物病虫情报

3　第39期全国农作物病虫测报技术培训班在南京农业大学和西南大学同期举办

2017年2月27日，全国农业技术推广服务中心举办的第39期全国农作物病虫测报技术培训班分别在西南大学和南京农业大学同期开班（图4-4）。

自1979年以来，为培养全国农作物病虫害测报技术人才，提高测报体系业务水平，全国农业技术推广服务中心连续39年举办全国农作物病虫害测报技术培训班。2017年，来自全国各省基层农作物病虫测报区域站和部分省植保站的101位（含申请自费参加培训的5位学员）测报技术人员将分别在这两所大学接受为期21d的测报技术培训。

培训班系统讲授了病虫测报的原理和方法，重点增加了现代病虫测报建设进展与展望、病虫测报及技术标准解析、数字化监测预警系统上机操作等专题讲座内容，帮助学员掌握传统测报知识的同时，对植保信息化、新型测报工具应用等现代测报技术也加深了解。此外，还增加了学员论坛，鼓励参加

图4-4　第39期全国农作物病虫测报技术培训班分别在重庆、南京开班

培训的学员站上讲台，与大家分享测报技术、测报工具等经验，讨论工作中遇到的问题。

为落实对口扶贫工作的要求，本期培训班继续对全国农业技术推广服务中心对口扶贫的湖南省湘西土家族苗族自治州、湖北省恩施土家族苗族自治州和内蒙古兴安盟等单位单设培训名额，加大农业扶贫的支持力度。

4 广西壮族自治区植保总站实施广西农作物重大病虫观测场建设项目

2017年3月10日，为加强基层病虫观测场建设，广西壮族自治区植保总站根据《自治区农业厅关于印发2017年自治区财政支农补助市县农业项目实施方案的通知》精神，组织制订了《2017年广西农作物重大病虫观测场建设项目实施方案》。在岑溪等20个县组织实施广西农作物重大病虫观测场建设项目，每个县投资30万元，按照先进、适用原则，购置智能虫情测报灯、性诱监测自动计数诱捕器、田间小气候观测仪、病虫信息处理平台等设施设备，用于建立病虫观测圃（区）租赁土地、自然观察区产量补偿、已有病虫观测圃的修缮等，改善基层病虫观测调查条件，提高病虫监测预警能力。目前已建成20个观测场并投入使用（图4-5）。

图4-5 广西壮族自治区基层病虫监测点

5 全国新型测报工具研发及应用推进工作会在湖南长沙召开

2017年3月22～24日，全国农业技术推广服务中心在湖南省长沙市举办了新型测报工具研发及应用推进工作会（图4-6）。会议总结了近年来新型测报工具研发试验工作的成效，研讨交流新型测报工具研发试验的主要思路和重点，安排部署2017年全国农作物病虫害监测预警工作。

会议强调指出，近年来全国农作物病虫测报体系主动适应种植业结构调整和信息化技术迅猛发展的新形势，加强创新，全国农作物病虫测报工作尤其是新型测报工具研发与应用工作取得了显著成绩。会议还组织讨论明确了"十三五"时期的测报工作思路和重点，要求各级测报部门突出"建、扩、改、推、管、提"六字要求，建立标准体系、扩大服务对象、改进预报方式、推广先进技术、加强体系管理、提高工作效率，全面提高重大病虫害监测预警能力。

会议还重点讨论安排了2017年新型测报工具试验任务，要求各地继续精心组织，加强技术指导、加强信息反馈、加大推广力度，扎实做好新型测报工具的试验、示范和推广应用工作；坚持信息报送制度，认真做好重大病虫害发生信息报送工作；加强项目策划与设计，深入推进重大病虫害监测预警信息化以及农作物病虫观测场点建设。

全国农业技术推广服务中心党委魏启文书记高度重视，亲自审议确定会议安排和主题报告内容，并到会指导。来自全国30个省、自治区、直辖市植保（植检）站（局）（农技中心）的分管站长、测报科长以及浙江大学、西北农林科技大学等单位的专家代表共50人参加了会议。

图4-6　全国新型测报工具研发与应用推进工作会会场

6　2017年全国小麦病虫害和夏蝗发生趋势会商会在山东济南召开

2017年4月6～7日，全国农业技术推广服务中心在山东省济南市召开了2017年小麦病虫害和夏蝗发生趋势会商会（图4-7）。与会测报技术人员和有关专家在综合分析病虫发生基数、品种布局和耕作制度等情况的基础上，结合未来天气趋势，预计2017年全国小麦中后期病虫害总体呈重发态势，赤霉病、条锈病和穗期蚜虫发生态势严峻，东亚飞蝗夏蝗总体偏轻发生，河库滩区等局部可能出现高密度蝗蝻点片。

会上，西北农林科技大学、浙江大学、国家气象中心等单位的专家分别针对小麦条锈病、赤霉病、小麦新发病虫害和东亚飞蝗的发生规律、天气变化趋势和测报技术等方面做了专题报告。会议还研讨了测报技术规范简化、智能化监测预警技术，安排部署了下阶段小麦病虫害和蝗虫监测预警工作。

图4-7　2017年全国小麦病虫害和夏蝗发生趋势会商会在山东省济南市召开

来自全国小麦主产省（自治区、直辖市）和东亚飞蝗发生区的测报技术人员以及科研教学单位专家共计50人参加了会议。农业部种植业管理司植保植检处王建强调研员参加会议并讲话，要求各地加密监测预警、及时会商分析、加强信息调度，全力做好小麦中后期病虫害和夏蝗监测预警工作；要高度重视测报技术方法简化工作，加强研究；要科学规划田间病虫监测网点布局和建设，注重实效、共享共用。

7 国家发展和改革委员会、农业部等四部委联合发布《全国动植物保护能力提升工程建设规划（2017—2025年）》

2017年5月12日，国家发展和改革委员会、农业部、国家质量监督检验检疫总局、国家林业局联合印发了《关于印发全国动植物保护能力提升工程建设规划（2017—2025年）的通知》（发改农经〔2017〕913号），在植物保护能力提升方面，计划投资89.66亿元，重点规划了加强国家农作物病虫疫情监测防控能力和基层病虫疫情监测网点建设等内容，按照"聚点成网"和"互联网+"的总体思路，通过装备一批自动化、智能化的监测设备，提升全国农作物病虫疫情监测防控能力。

2017年，项目在全国11个粮食主产省辽宁、河北、山东、吉林、内蒙古、江西、湖南、四川、河南、湖北、江苏立项实施。

8 全国早稻病虫害发生趋势会商会在海南省海口市召开

2017年5月11～12日，全国农业技术推广服务中心在海南省海口市组织召开了全国早稻主要病虫害发生趋势会商会（图4-8）。来自南方16个水稻主产省（自治区、直辖市）和部分基层植保站的测报技术人员以及南京农业大学、华南农业大学、浙江大学、南京信息工程大学、广西师范学院、江苏省农业科学院植物保护研究所等科研、教学单位的专家共计50人参加了会议。

会议总结交流了2017年早稻前期病虫发生情况，并结合当前病虫发生基数、气候条件、水稻栽培情况等因素对下阶段发生趋势作出了综合预判。预计2017年早稻病虫害总体呈偏重发生态势，其中稻飞虱、二化螟、纹枯病偏重发生，局部大发生；稻纵卷叶螟、稻瘟病中等发生。会议还研讨了稻纵卷叶螟、水稻条纹叶枯病测报技术规范修订意见，研讨落实了水稻病虫害新型测报工具试验和中韩水稻迁飞性害虫监测合作项目调查研究任务，并安排部署了2017年水稻病虫监测预警工作。

农业部种植业管理司植保植检处王建强调研员、海南省农业厅种植业处周世强处长等领导出席会议并讲话。

图4-8 全国早稻病虫害发生趋势会商会在海南省海口市召开

9 韩国专家代表团来我国开展水稻迁飞性害虫考察交流活动

2017年5月31日至6月5日，根据中韩水稻迁飞性害虫与病毒病监测合作项目协议，韩国农村振兴厅组织9名专家来我国开展水稻迁飞性害虫与病毒病考察交流活动。全国农业技术推广服务中心女排代表团先后赴江苏姜堰、太仓，浙江桐乡、诸暨，上海崇明等地实地开展调查和技术交流。考察期间，韩国代表团与当地植保技术人员一起，实地调查了灰飞虱等病虫害发生基数情况，观摩了江苏省农作物病虫害新型测报工具应用与标准化观测场和太仓市现代植保技术综合展示基地，采集了灰飞虱样本，并开展了测报新技术新工具应用技术交流研讨，圆满完成了此次考察交流任务（图4-9、图4-10）。

图4-9 中韩专家开展技术交流

图4-10 中韩专家开展田间调查

10　全国农业技术推广服务中心和中国植物保护学会联合开展现代病虫测报建设优秀论文评选活动

近年来，各级植保机构积极推进现代病虫测报建设，通过开展测报工具研发、信息系统建设、预报方式创新和测报技术研究，提高了病虫测报的准确性、时效性和到位率，在服务重大病虫防控中发挥了重要的技术支撑作用。为激励广大测报技术人员钻研和应用现代科学技术，加快推进现代植保体系建设，服务农业供给侧结构性改革和现代农业发展，全国农业技术推广服务中心与中国植物保护学会于2017年5～9月联合开展现代病虫测报建设优秀论文评选活动。

本次活动征集的论文经省级植物保护机构和中国植物保护学会省级分会初评，专家分组评审和会议终审，共评选出优秀论文100篇。其中，一等奖20篇、二等奖27篇、三等奖53篇，优秀组织单位11个。评选结果在12月召开的2018年全国农作物重大病虫害发生趋势会商会上进行了通报，并对优秀论文作者的代表颁发了获奖证书（图4-11）。陕西省植物保护工作总站还组织专家对本省投稿的论文进行了评选，评选出优秀论文和优秀组织奖，并进行了表彰。

图4-11　为优秀论文获奖作者代表颁奖

11　全国新型测报工具应用技术培训班在河南许昌举办

2017年6月20～21日，为培训现代新型测报工具应用技术，落实《全国动植物保护能力提升工程建设规划（2017—2025年）》2017年省级病虫疫情监测分中心病虫监测点建设内容，加快推进新型测报工具推广应用，不断提升农作物重大病虫害监测预警能力，全国农业技术推广服务中心在河南许昌举办了新型测报工具应用技术培训班（图4-12）。全国农业技术推广服务中心党委魏启文书记、张跃进首席专家，河南省农业厅邹庆鹏副厅长，许昌市楚雷副市长和农业部种植业管理司王建强调研员等领导出席培训班并讲话。来自全国30个省（自治区、直辖市）植保机构领导、测报科长和重点县测报技术人员共近90人参加了培训。

魏启文在讲话中充分肯定了测报工作对重大病虫防控、农业绿色发展、节本增效等方面发挥的基

图4-12　全国新型测报工具应用技术培训班在河南许昌召开

础性、牵引性作用，要求各地以实施《全国动植物保护能力提升工程建设规划（2017—2025年)》为契机，加大推进粮食与经济作物病虫害测报服务均等化、测报工具智能化、监测过程与结果处理标准化、运行保障制度化的同步发展，为保障国家粮食安全和农产品质量安全发挥更大作用。

王建强对《全国动植物保护能力提升工程建设规划（2017—2025年)》有关植物保护能力提升工程建设部分的规划背景、建设目标、建设思路和建设内容等做了专题辅导报告，并对新一期植保工程实施提出明确要求。中国科学院合肥智能机械研究所王儒敬研究员、西北农林科技大学胡小平教授以及有关研发企业的技术专家围绕病虫测报智能技术体系应用和各类新型测报工具的应用技术开展了培训。

培训班上，河南、江苏、四川等11个省交流了各自2017年省级病虫疫情监测分中心田间监测点建设方案，与会代表围绕新型测报工具研发与推广应用和进一步落实好植保工程规划进行了充分交流研讨，达成了共识。参加培训班的代表一致认为，这次培训班举办及时，实用性、针对性、前瞻性很强，对于实施好新一期植保工程建设项目、加快推进新型测报工具推广应用将起到积极的作用，培训达到了预期目的。

12　吉林省农业技术推广总站实施农作物重大病虫害调查监测与预报项目建设

为解决基层测报站测报设备缺乏的难题，进一步应用现代技术改善测报装备水平，提高重大病虫害监测预警能力，2017年6月吉林省农财两厅联合下发了《关于印发2017年农业生产防灾救灾补助资金项目实施方案的通知》（吉农农发〔2017〕2号），在省级农业生产防灾救灾补助资金中安排200万元，在20个县（市、区）开展了农作物重大病虫害调查监测与预报项目建设（图4-13），改善基层农作物重大病虫害调查与预报的物质条件，完善病虫害监测调查数据上报的手段，配备了自动虫情测报灯、孢子捕捉仪、害虫性诱实时监测系统、生态远程实时监控系统等必要的监测设备计100多台（套）。

图4-13 吉林省蛟河（左）、辉南（右）病虫监测点

13 2017年下半年全国水稻和马铃薯重大病虫害发生趋势会商会在银川召开

2017年7月12～13日，全国农业技术推广服务中心在宁夏银川召开了2017年下半年全国水稻和马铃薯重大病虫害发生趋势会商会（图4-14）。会议总结了上半年重大病虫害的发生情况，会商提出了下半年重大病虫害的发生趋势，安排部署了下半年监测预警工作，现场观摩了贺兰县广银米业水稻基地和生瑞米业水稻基地，考察水稻病虫监测和绿色生产情况（图4-15）。来自全国25个省（自治区、直辖市）植保（植检、农技）站（局、中心）负责水稻和马铃薯病虫测报工作的技术人员以及南京农业大学、国家气象中心等科研院所的专家共50人参加了会议。

会议根据当前重大病虫害发生情况、栽培制度和气候条件等因素综合分析，预计下半年全国水稻重大病虫害总体呈偏重发生态势，马铃薯重大病虫害总体中等发生。其中，稻飞虱、纹枯病偏重发生，稻纵卷叶螟、二化螟、稻瘟病、稻曲病、马铃薯晚疫病中等发生，局部地区偏重至大发生。

图4-14 2017年下半年全国水稻和马铃薯重大病虫害发生趋势会商会在银川召开

图4-15　地方技术人员介绍水稻病虫害发生防控情况

　　全国农业技术推广服务中心魏启文书记、宁夏回族自治区农牧厅赖伟利副厅长、农业部种植业管理司植保植检处王建强调研员出席会议并讲话。魏启文在讲话中充分肯定了各级植保机构上半年病虫监测防控工作以及对保障夏粮丰收发挥的重要作用，要求各地始终坚持不懈，加强监测预警、信息报送和病虫会商预报，全面做好下半年病虫害监测预警工作，为促进农业绿色发展、稳定秋粮生产奠定坚实基础。

14　四川省农业厅植物保护站与四川省农业气候中心共建气候虫情联合观测站

　　2017年7月12日，四川省农业厅植物保护站与四川省农业气候中心共同签发《关于共同建设示范性气候虫情联合观测站的通知》（川农业植保函〔2017〕35号），达成共建共享气候虫情联合观测站战略合作协议，明确了县级气象局、农业局在联合观测站建设中的权利义务，形成了"农业部门提供场地、气象部门提供设备、运转费用双方共担、监测数据双方共享"的建设运行机制，首批在犍为等12个县建设12个示范性气候虫情联合观测站。下一步，气候虫情联合观测站的建设将逐步覆盖全省64个省级病虫重点测报站，实现全省农作物病情、虫情、田间小气候情、土壤墒情"四情同传"（图4-16）。

图4-16　示范性气候虫情联合观测站

15　韩国专家代表团赴我国广西、湖南开展水稻迁飞性害虫与病毒病调查交流活动

图4-17　中韩技术专家座谈交流

　　2017年7月16～19日，根据中韩水稻迁飞性害虫与病毒病监测合作项目协议，以KIM SEUNG TAEK高级指导官为团长的韩国农村振兴厅代表团一行8人先后赴广西壮族自治区灵川县、兴安县，湖南省长沙县，与全国农业技术推广服务中心人员一起开展了水稻迁飞性害虫与病毒病联合调查交流活动（图4-17）。代表团实地调查了当地水稻迁飞性害虫的监测预警设备及田间发生情况（图4-18、图4-19），座谈交流了2017年水稻迁飞性害虫发生概况、项目合作实施情况和水稻迁飞性害虫监测预警技术等内容，圆满完成了此次调查交流任务。双方一致认为，近年来通过实施水稻迁飞性害虫与病毒病监测合作项目，水稻迁飞性害虫发生机制和监测预警技术研究取得了重要进展，希望今后继续加强技术合作和信息交流，全面提高水稻迁飞性害虫监测预警和防控治理能力，为保障两国水稻生产安全和粮食丰收作出更大贡献。

图4-18　韩国专家实地调查采集水稻迁飞性害虫

图4-19　中韩双方交流讨论水稻迁飞性害虫监测预警技术

16　玉米重大害虫监测防控技术培训班在吉林省吉林市举办

　　为做好玉米重大病虫害监测防控工作，解决生产实际问题，根据玉米重大害虫行业科技项目计划，2017年7月25～26日全国农业技术推广服务中心在吉林省吉林市成功举办了玉米重大病虫害监测防控技术培训班（图4-20）。

图4-20　全国玉米重大害虫监测防控技术培训班在吉林召开

　　本次培训班特邀中国农业科学院植物保护研究所和作物研究所、吉林省农业科学院植物保护研究所和河北省农业科学院植物保护研究所，以及吉林、山东和江苏省植保站相关专家围绕玉米病虫害种类识别、发生规律和监测防控技术，当前玉米重大害虫发生特点和应对措施等方面进行了专题培训，同时开展田间实习，对常见玉米病虫害识别进行现场教学（图4-21）。参训学员一致认为本次培训班师资力量强、报告水平高、内容丰富，提高了自身业务素质和理论素养，开阔了思路和眼界，对进一步做好玉米重大病虫害监测防控工作具有重要意义。

　　来自全国24个省（自治区、直辖市）植保（植检、农技）站（局、中心）和部分区域测报站负责玉米病虫测报业务的技术人员计30人参加了培训。

图4-21　现场教学

17　全国玉米病虫会商及测报技术研讨会在吉林省吉林市召开

　　2017年7月27～28日，全国农业技术推广服务中心在吉林省吉林市召开了全国玉米病虫会商及测报技术研讨会（图4-22）。会议总结了前期玉米重大病虫害及蝗虫的发生情况，会商提出了中后期玉米重大病虫害及蝗虫的发生趋势，安排部署了下半年的监测预警工作。

图4-22　全国玉米病虫会商及测报技术研讨会在吉林召开

　　来自全国26个省（自治区、直辖市）植保（植检、农技）站（局、中心）及新疆生产建设兵团农业技术推广总站玉米病虫、蝗虫、草地螟测报业务负责人，以及中国农业科学院植物保护研究所、国家气象中心等科研院所的专家共50人参加了会议（图4-23）。

　　会议根据当前重大病虫害发生情况、栽培制度和气候条件等因素综合分析，预计全国玉米中后期重大病虫害总体呈偏重发生态势，草地螟总体偏轻发生，东亚飞蝗、亚洲飞蝗总体偏轻发生，西藏飞蝗总体中等发生，土蝗在北方农牧交错区总体中等发生，内蒙古中东部偏重发生。

　　会议强调，下半年玉米病虫害的监测预警任务重，应以认真负责的态度，扎实地做好工作，让政府部门认可、服务对象满意、测报工作更有价值。必须做好以下几项工作：一要加强调查监测，要充

图4-23　大会会场

分分析异常气候对病虫害发生造成的影响，坚持调查监测制度，全面开展调查监测工作，防止病虫害因监测预警不到位而突发成灾；二要严格执行信息报送制度，要严格执行重大病虫害发生和防治信息报送制度，及时报送测报数据，遇到突发情况要立即上报，不得延报或不报；三要加强预报发布，要根据调查监测情况，搞好病虫预报信息服务，及时发布病虫害中、短期预报，指导农户开展防治，提高防控效果。

18　全国棉花病虫害绿色防控技术培训班在乌鲁木齐成功举办

8月8～9日，全国农业技术推广服务中心与中国农业科学院植物保护研究所在新疆乌鲁木齐联合举办了全国棉花病虫害绿色防控技术培训班（图4-24）。来自14个棉花生产省（自治区、直辖市）植保推广系统、新疆生产建设兵团、国家棉花产业技术体系新疆综合试验站以及新疆科研教学单位共100余人参加了培训。

图4-24　全国棉花病虫害绿色防控技术培训班在乌鲁木齐举办

来自科研、教学和推广单位的12位专家重点讲授了棉田生态系统管理和绿色防控新理念、棉花重大病虫害绿色防控技术、近几年棉花病虫害发生特点趋势和应对措施（图4-25），还进行了棉花病虫害绿色防控技术田间培训，实地观摩了棉铃虫食诱和性诱等工具的应用效果。培训代表普遍反映，培训内容紧扣目前我国农业绿色发展主题和2020年农药使用量零增长行动要求，专家讲授的绿色防控理念、技术与产品、应用策略和发展趋势对促进各地尤其是新疆棉花病虫害绿色防控技术措施的实施具有重要作用。

图4-25 专家开展培训

新疆维吾尔自治区农业厅何华新副巡视员出席了培训班开班仪式，并对近几年的持续培训给予了充分肯定。培训班得到了新疆维吾尔自治区植物保护站和新疆农业科学院植物保护研究所的大力支持。

19 全国农业技术推广服务中心与内蒙古自治区植物保护植物检疫站联合举办玉米重大害虫基数调查及技术培训

2017年棉铃虫和黏虫等重大病虫害在内蒙古西部严重暴发，给当地向日葵和玉米等作物安全生产造成较大威胁，全国农业技术推广服务中心和内蒙古自治区植保植检站联合于2017年10月10～12日在巴彦淖尔市开展了玉米重大害虫基数调查和技术培训（图4-26）。

培训班针对前期病虫发生情况和基层技术人员监测防治指导方面存在的技术问题，邀请科研、教学和推广等部门的专家，讲授了大家关心的病虫测报与植保能力提升、棉铃虫和黏虫发生规律与监控

图4-26 玉米重大害虫基数调查及技术培训在内蒙古举办

技术、玉米主要病虫害识别特征和调查要点、迁飞性昆虫卵巢解剖与分级方法等内容。期间，专家和受训学员还重点调查了目前内蒙古西部地区重发的棉铃虫和三代黏虫的发生为害状况，初步摸清了玉米田、向日葵田及温室大棚中棉铃虫等重大病虫冬前基数，并在田间现场讲解了棉铃虫为害症状识别、越冬虫源调查方法和监测设备使用等内容。针对当地温室大棚中多种植物、晚播向日葵和玉米田棉铃虫虫量较大的实际情况，专家还对做好当地棉铃虫发生规律研究、冬季保护地棉铃虫防控、今后实施绿色防控技术和措施提出了建设性的建议（图4-27）。

受训学员普遍反映，此次调查和培训活动安排紧凑、重点突出、形式多样，具有很强的针对性和实用性，既有新一轮植保工作建设方案的宏观指导，又有玉米病虫害识别、病虫害测报等业务内容的讲解，对提升广大技术人员业务素质、带动病虫监测预警能力提升具有重要意义。

图4-27 田间培训

内蒙古12个盟市约80名技术人员参加了培训，内蒙古自治区农牧厅贾跃峰副厅长参加了现场调查和实地培训活动，并对活动给予了充分肯定。

20 全国农业技术推广服务中心组织召开全国农作物病虫疫情监测中心项目可行性研究报告编制专家咨询会

为做好全国农作物病虫疫情监测中心建设项目可行性研究报告编制工作，进一步提高可研报告编制的科学性和可操作性，2017年10月25日全国农业技术推广服务中心组织召开了农作物病虫疫情监测中心建设项目可行性研究报告编制专家咨询会（图4-28）。

图4-28 全国农作物病虫疫情监测中心项目可行性研究报告编制专家咨询

会上，可行性研究报告编制单位技术人员汇报了项目建设背景、建设内容、项目预算等可研报告主要内容。来自农业部办公厅、种植业管理司、信息中心、农药检定所和中央农业广播电视学校的信息化建设管理和技术专家，针对项目的信息系统建设与整合、指挥调度中心建设等方面对项目可行性研究报告进行了咨询，提出了很好的意见和建议。

全国农业技术推广服务中心刘天金主任、魏启文书记参加会议并讲话。刘天金在讲话中充分肯定了全国农作物病虫疫情监测中心建设的重要意义，以及在整合构建"农事在线"种植业云平台中发挥的基础作用和示范意义。魏启文在总结讲话中要求项目组和报告编制单位根据专家意见，对可行性研究报告进行修改完善，进一步提高可行性研究报告编制质量。

全国农业技术推广服务中心农作物病虫疫情监测中心项目组成员参加会议并参与了研讨。

21 全国农作物病虫害监测预警技术培训班在上海举办

为提升全国病虫测报体系业务素质，提高重大病虫害监测预警能力，全国农业技术推广服务中心于2017年11月1～4日在上海举办了全国农作物病虫害监测预警技术培训班（图4-29）。

本次培训班特邀农业部种植业管理司王建强调研员、中国农业科学院麻类研究所陈万权研究员、中国农业科学院植物保护研究所王振营研究员、中国科学院合肥智能研究所谢成军副研究员、浙江大学杜永均研究员和南京农业大学翟保平教授等多位专家教授分别围绕新一轮植保工程建设、小麦、玉

图4-29　全国农作物病虫害监测预警技术培训班在上海举办

米病虫害种类识别、发生规律和监测防控技术，作物病虫测报大数据分析，智能化监测预警技术及性诱测报原理和方法等方面进行了专题培训。参训学员一致认为本次培训班师资力量强、报告水平高、课程安排合理，开阔了思路、眼界，对于提高自身业务素质、理论素养和进一步做好重大病虫害监测预警工作具有重要的指导意义。

全国农业技术推广服务中心植保首席专家张跃进研究员高度评价了技术培训的重要性，鼓励学员不断学习，提高做好测报工作的业务水平。来自全国29个省（自治区、直辖市）植保（植检、农技）站（局、中心）测报科科长和测报技术骨干计55人参加了培训。

22　中越水稻迁飞性害虫监测与防治合作项目技术交流活动在广东举行

根据中越水稻迁飞性害虫监测与防治合作项目工作方案，2017年11月6～10日，以越南农业和农村发展部植物保护局阮贵洋副局长为团长的代表团一行4人来我国广东开展技术交流和考察活动（图4-30）。

图4-30　中越专家交流水稻病虫害预警防控技术和项目研究进展

　　活动期间，中越双方专家交流了近年来水稻迁飞性害虫和南方水稻黑条矮缩病的发生动态及监测防控技术研究进展，总结评估了2017年项目实施成效，初步商定了2018年工作计划和下一步合作重点。应代表团请求，全国农业技术推广服务中心安排代表团参观了广东省博罗县现代农业科技展示中心、农业科技示范场、蔬菜绿色防控示范基地等，并考察了蔬菜专业合作社的运行模式和管理经验（图4-31至图4-33）。

图4-31　代表团参观博罗县现代农业科技展示中心

图4-32 参观博罗县农业科技示范场

图4-33　考察蔬菜专业合作社

　　越方表示，通过此次考察交流，感受到中国在农业信息化建设、植保智能化发展等方面取得的重大进展，希望继续深化合作，将中国的先进经验带回越南，运用到本国的病虫害监测与防治工作中。

　　全国农业技术推广服务中心魏启文书记出席活动开幕式并致辞。他充分肯定了项目实施的重要意义和取得的成效，希望两国进一步完善合作机制、增强互信友谊、扩展合作领域、促进技术交流，推进项目合作再上新台阶。广东省农业厅陆国煌总农艺师出席活动开幕式并致辞。活动特邀中国农业科学院植物保护研究所周雪平所长、华南农业大学周国辉教授、南京农业大学胡高教授等专家做专题报告并参加了交流活动。

23 中国植物保护学会第十二次全国会员代表大会暨2017年学术年会在湖南 长沙举行

2017年11月9～10日，中国植物保护学会第十二次全国会员代表大会暨2017年学术年会在湖南省长沙市举行。会议选举全国农业技术推广服务中心党委书记魏启文为中国植物保护学会副理事长、学会党委副书记，全国农业技术推广服务中心魏启文、王福祥、刘万才、杨普云、王凤乐、姜玉英、郭永旺等当选为学会常务理事。姜玉英当选学会新一届病虫测报专业委员会主任委员（图4-34）。

图4-34　中国植物保护学会第十二次全国会员代表大会暨2017年学术年会在湖南长沙举行

会议表彰了中国植物保护学会第四届先进省级学会和先进分支机构、第五届青年科技奖、第二届优秀学会工作者，病虫测报专业委员会被评为中国植物保护学会第四届先进分支机构，全国农业技术推广服务中心病虫害测报处处长、第十一届病虫测报专业委员会主任委员刘万才被评为第二届优秀学会工作者，全国农业技术推广服务中心黄冲、四川省农业厅植物保护站封传红、河北省植物保护植物检疫站高军、宁夏回族自治区农业技术推广总站刘媛等获评第五届青年科技奖。

24 全国农业技术推广服务中心组织专家开展重大病虫越冬基数调查活动

为准确掌握2017年农作物重大病虫越冬基数，做好2018年发生趋势预测，全国农业技术推广服务中心于11月中、下旬组织植保机构和科研单位的有关专家赴江西、福建、河南、山东、陕西、甘肃6省17个县（区）开展了重大病虫冬前基数调查活动（图4-35）。据调查，江西和福建两省二化螟田间基数高于2016年，局部未防田块每667m² 虫量超42万头，大螟在福建局部田块虫量超过二化螟发生量；调查点均查见一定虫量的稻飞虱，部分地区见稻纵卷叶螟。甘肃省冬小麦秋苗期条锈病呈现发生范围广、发病程度重、部分区域菌源量大的特点，发病面积20.07万hm²，较2016年同期增加9.73万hm²。河南和山东在玉米田较易查见棉铃虫蛹，田间基数高于前几年；大部分田块玉米螟、桃蛀螟、大螟虫量高于常年，桃蛀螟在玉米秸秆的越冬虫源中占比明显上升。二点委夜蛾和东亚飞蝗基数偏低。

在交流2017年各省农作物重大病虫发生特点及冬前越冬基数调查情况基础上，专家对2018年发生趋势做了以下初步预判，若2017年冬2018年春气候适宜，2018年全国小麦条锈病将有中等程度以上发生的可能；二化螟、棉铃虫、玉米螟仍将维持重发态势，需高度重视飞蝗、黏虫等在局部地区突发和严重为害。

本次活动的顺利开展，带动和督促各省及时和广泛开展当地病虫冬前基数调查工作，对提高水稻、小麦、玉米重大病虫及蝗虫的预报准确率具有重要意义。同时，也对基层掌握重大病虫害发生动态和监测技能起到指导作用。西北农林科技大学康振生院士全程参加西北组调查活动。

图4-35 专家调查病虫冬前基数

25 全国农业技术推广服务中心组织召开2018年全国农作物重大病虫害发生趋势会商会

为总结分析全国农作物重大病虫害2017年发生情况，分析会商2018年重大病虫害发生趋势，为2018年重大病虫害的监测防控提供决策支持，2017年12月6～7日，全国农业技术推广服务中心组织各省（自治区、直辖市）植保植检站测报技术人员和科研教学单位有关专家在云南省腾冲市召开2018年全国农作物重大病虫害发生趋势会商会，对2018年全国农作物重大病虫害发生趋势进行了分析会商（图4-36）。

图4-36 2018年全国农作物重大病虫害发生趋势会商会在云南召开

　　与会测报技术人员和有关专家在总结2017年全国农作物重大病虫害发生情况和特点的基础上，结合冬前越冬基数调查结果和今冬明春气候趋势，对2018年全国农作物重大病虫害发生趋势进行了分析会商（图4-37）。专家会商认为，2018年我国农作物重大病虫害发生形势依然严峻，小麦条锈病、赤霉病、蚜虫，稻飞虱、二化螟，玉米螟、玉米大斑病等重大病虫害将偏重发生，棉铃虫上升为害态势明显，黏虫会在北方局部地区出现高密度集中为害田块，东亚飞蝗、亚洲飞蝗和北方农牧区土蝗等在局部地区发生高密度点片的可能性大。

图4-37　分组会商

　　全国农业技术推广服务中心党委书记魏启文出席会议并讲话，充分肯定2017年全国病虫测报工作取得的成绩和测报在植保工作中的基础性地位，分析指出新时期我国植保工作面临"三变""三不变"的新形势和新考验。他强调，各级植保工作者要使"坚持以人民为中心""青山绿水就是金山银山"等发展理念落地生根，用精确测报引领精准用药，推进农业绿色发展。一要拓展测报服务领域，由粮食作物向粮经饲作物覆盖，由病虫靶标向病虫草鼠拓展。二要推动测报手段现代化步伐，借力植保工程，提高装备的专业化、信息化、智能化水平，实现远程监测、远程识别、中远期预报。三要加强科学研究，建立符合中国国情的测报理论、技术和方法，掌握病虫草鼠害发生趋势，准确做出预判，为政府决策制订防控方案、为生产主体实施防控策略提供及时有效的服务。四要拓展测报国际合作，加强与周边国家的信息交流、数据交换和人员往来，在合作中共赢。

　　魏启文强调，2018年农作物病虫害测报工作要紧盯质量兴农、农业绿色发展目标不动摇。一是要抓住国家实施动植物保护能力提升工程的有利时机，加强病虫监测预警能力建设。二是要继续做好新型测报工具试验示范，通过试验和升级改造，解决目前"看不到、测不准"的问题。三是要加强病虫监测，坚持监测预警信息报送制度，及时掌握病虫发生动态。

　　会议还通报了2017年现代病虫测报征文活动评选结果，并对优秀论文作者的代表颁发了获奖证书。

　　云南省农业厅王平华副厅长、中国植物保护学会陈万权理事长、农业部种植业管理司王建强调研员等领导出席会议并讲话。来自全国31个省（自治区、直辖市）植保植检站的分管站长、测报科长、技术人员和中国农业科学院植物保护研究所、中国农业大学、南京农业大学和国家气象中心等单位的专家共50人参加了会议。

26 陕西省植物保护工作总站开展农作物病虫测报区域站考核工作

为规范病虫害测报区域站管理，调动测报人员工作积极性，2017年12月，陕西省植物保护工作总站根据测报人员数量、数字化系统及监测任务完成情况、病虫信息发布、网络信息发布、电视预报、植保专业统计等内容，对部、省重点测报区域站及市级植保站测报工作进行综合考核，并将考核结果作为市级植保站评选年度先进集体的必备条件之一，实行一票否决制，最终评选出4个市级植保植检站、14个县级植保植检站为优秀等级，并颁发奖状（图4-38）。

图4-38 表彰农作物病虫测报区域站考核先进单位

附　录

2017年度全国省级以上植保机构发表病虫测报论文、著作和制定标准情况

序号	作者	题目	刊物或出版机构名称	卷（期）、页码	备注
1	刘万才	我国农作物病虫害现代测报工具研究进展	中国植保导刊	2017，37(9):29-33	J
2	姜玉英，刘万才，黄冲，等	2017年全国农作物重大病虫害发生趋势预报	中国植保导刊	2017，37(2):44-49, 57	J
3	姜玉英，刘杰，曾娟，等	新疆棉区盲蝽等棉田昆虫灯诱效果研究	中国植保导刊	2017，37(4):49-55	J
4	黄冲，刘万才，姜玉英，等	微信公众号发布病虫情报的创新与实践	中国植保导刊	2017，37(10):30-34	J
5	黄冲，刘万才，张斌	马铃薯晚疫病CARAH预警模型在我国的应用及评价	植物保护	2017，43(4):151-157, 166	J
6	陆明红，刘万才，程映国，等	中越水稻迁飞性害虫监测与防治合作研究进展	中国植保导刊	2017，37(12):83-87	J
7	Lu Minghong, Chen Xiao, Liu Wancai, et al	Swarms of brown planthopper migrate into the lower Yangtze River Valley under strong western Pacific subtropical highs	Ecosphere	8(10):e01967. 10.1002/ecs2.1967	J
8	Liu Wancai, Dong Gu Park, Yang Qingpo, et al	The Research Progress of Rice Migratory Pests and Viral Disease	中国农业出版社	2017年5月	M
9	刘杰，杨清坡，刘万才，等	农作物重大病虫害监测预警工作年报2016	中国农业出版社	2017年9月	M

（续）

序号	作者	题目	刊物或出版机构名称	卷（期）、页码	备注
10	黄冲，刘万才，刘家骧，等	中国马铃薯晚疫病监测与防控	中国农业出版社	2017年3月	M
11	董志平，王振营，姜玉英	玉米重大新害虫二点委夜蛾综合治理技术手册	中国农业出版社	2017年3月	M
12	曾娟，陆宴辉，简桂良，李香菊，刘杰，姜玉英	棉花病虫草害调查诊断与决策支持系统	中国农业出版社	2017年9月	M
13	刘杰，刘万才，姜玉英	新型测报工具试验研究报告	中国农业出版社	2017年6月	M
14	刘杰	玉米主要病虫害测报与防治技术手册	中国农业出版社	2017年6月	M
15	刘杰，姜玉英，曾娟，等	玉米螟测报技术规范（NY/T 1611—2017）	中国农业出版社	2017年12月	S
16	刘杰，姜玉英，刘莉，等	二点委夜蛾测报技术规范（NY/T 3158—2017）	中国农业出版社	2017年12月	S
17	叶少锋，刘梦颖，张硕，等	天津市新型测报工具应用现状与思考	天津农林科技	2017(6):37-39	J
18	张硕，叶少锋	黏虫综合防治技术	天津农林科技	2017(1):26，32	J
19	张振铎，梅书杲，王学端，等	2017年吉林省亚洲飞蝗发生情况和成因分析	中国植保导刊	2017，37（12）：40-43	J
20	张振铎，张琼，金春丽，等	水稻二化螟成虫动态的性诱监测及其影响因子分析	中国植保导刊	2017，37（10）：42-45	J
21	丁建，张振铎，陈金丰，等	吉林省农作物有害生物监控与预警系统研发概述	农业网络信息	2017，1：96-100	J
22	郝丽萍，巩亮军	马铃薯晚疫病防病增产示范效果	中国农技推广	2017，33（12）：50-51	J
23	郝丽萍，张武云，秦引雪，等	马铃薯主要病虫害综合防控技术规程	山西省质量技术监督局	2017年12月	S
24	刘莉，李秀芹，崔彦，等	河北省2017年上半年玉米主要病虫害发生趋势预测	河北农业	2017，5：38-39	J
25	黄秋云，夏风，邱坤，等	小麦赤霉病测报调查规范	安徽省质量技术监督局	DB34/T 2957-2017	S
26	曹明坤，夏风，邱坤，等	稻曲病测报调查规范	安徽省质量技术监督局	DB34/T 2958-2017	S
27	王丽，林作晓，唐洁瑜，等	近年来广西稻飞虱发生特点及原因分析	广西植保	2017，30（1）：32-34	J
28	王丽，唐洁瑜，张蕾，等	2016年广西农作物病虫害发生实况	广西植保	2017，30（3）：30-33	J
29	袁冬贞，崔章静，杨桦，等	基于物联网的小麦赤霉病自动化监测预警系统应用效果	中国植保导刊	2017，37(1):46-50	J
30	文耀东，范东晟，袁冬贞	陕西省农作物病虫监测预警体系现状与发展对策	中国植保导刊	2017，37（1）：74-78	J

注：目前只收录2017年见刊或正式出版的省级（含）以上植保机构第一作者发表的病虫测报相关文章、论文、标准。文章全文可从中国知网（http://www.cnki.net）等平台下载。

2017年度全国农业技术推广服务中心病虫害测报处承担在研科研项目情况

序号	项目（课题）名称	项目类型	参加人	主持单位
1	大气低频振荡对中国褐飞虱灾变性迁入的影响	国家自然科学基金	刘万才，陆明红	南京信息工程大学
2	农业生态风险监测与控制技术	转基因生物新品种培育重大专项课题	姜玉英，刘杰，曾娟	中国农业科学院植物保护研究所
3	黏虫综合防治技术研究与示范	公益性行业（农业）科研专项	姜玉英，刘杰，曾娟	中国农业科学院植物保护研究所
4	棉花化肥农药减施技术集成研究与示范	国家重点研发计划（双减项目）	姜玉英，刘杰，等	中国农业科学院植物保护研究所
5	五大种植模式区主要病虫害的监测预警技术及信息化预警平台	国家重点研发计划（粮食丰产增效科技创新）	黄冲，陆明红，刘杰	中国农业大学

2017年度全国农业技术推广服务中心病虫害测报处获得科技奖励情况

1 单位获奖情况

序号	获奖单位	成果名称	奖励名称	奖励等级	排名	授奖部门
1	全国农业技术推广服务中心	盲蝽类重要害虫灾变规律与绿色防控技术	神农中华农业科技奖	一等奖	2	农业部
2	全国农业技术推广服务中心	内蒙古马铃薯产业升级关键技术研究与应用	内蒙古自治区科学技术奖	一等奖	3	内蒙古自治区人民政府

2 个人获奖情况

序号	获奖个人	成果名称	奖励名称	奖励等级	排名	授奖部门
1	姜玉英	盲蝽类重要害虫灾变规律与绿色防控技术	神农中华农业科技奖	一等奖	3	农业部
2	刘万才	内蒙古马铃薯产业升级关键技术研究与应用	内蒙古自治区科学技术奖	一等奖	5	内蒙古自治区人民政府
3	黄冲	内蒙古马铃薯产业升级关键技术研究与应用	内蒙古自治区科学技术奖	一等奖	4	内蒙古自治区人民政府

2017年全国农业技术推广服务中心病虫害测报处人员与工作分工

处　长（刘万才）　主持全面工作，负责测报工作规划、技术服务创收和财务管理工作；负责重大病虫害监测预警信息化建设、病虫监控中心建设运维管理，以及水稻病虫、马铃薯病虫，以及蝗虫等预报工作的组织指导；参与植保立法的有关调研、论证与起草工作；负责处内承办的中心文件（文、函、请示等）的核稿工作。

副处长（姜玉英）　协助处长做好日常业务工作，负责处室绩效管理细化和棉花病虫测报及小麦、油菜、玉米（包括黏虫）病虫及草地螟等病虫预报工作的组织指导，相关调研与督导活动，相关测报标准制定和科研项目等工作；参与植保工程规划编制和组织实施；负责全国病虫测报区域站管理日常工作；日常工作中重点负责处内承办的病虫情报等材料的核稿工作。

高级农艺师（黄冲）　2017年11月晋升病虫害测报处副处长。负责小麦、马铃薯病虫害监测预报及相关病虫发生信息调度工作；负责农作物重大病虫害监测预警信息平台建设和系统运维管理、农作物病虫害监控中心（系统）建设与管理；承担全国病虫测报区域站管理日常工作；负责自动化、智能化实时监控测报工具试验跟踪和联系工作。

农艺师（陆明红）　负责水稻病虫的预报及相关病虫发生信息调度工作，承担相关标准制定和科研项目；负责中越、中韩迁飞性害虫合作项目的日常工作；负责处内档案管理工作；负责CCTV-1电视预报的协调联络工作；负责害虫性诱实时监控系统试验、示范和联系工作。

农艺师（刘杰）　负责玉米（包括黏虫）等作物病虫和草地螟的预报及相关病虫发生信息调度工作；协助做好棉花病虫害测报资料的收集整理工作，负责中国农技推广网"病虫测报"网页的运行与维护工作；负责处内资产管理；承担相关标准制定、科研项目以及其他相关业务工作；负责害虫性诱自动测报工具试验、示范及跟踪联系工作；负责小虫体自动记数工具试验、示范及联系工作。

农艺师（杨清坡）　2016年博士研究生毕业参加工作，2017年7月晋升农艺师职称。负责油菜病虫害和蝗虫的测报工作；协助做好水稻病虫害的预测预报及信息调度工作；协助处理中越、中韩迁飞性害虫合作项目的日常工作；负责蔬菜、果树等经济作物病虫害的测报与管理工作，承担相关标准制定和科研项目。2017年在南京农业大学第39期全国农作物病虫测报技术培训班培训学习3周。

注：实行A、B角协作制，其中正、副处长互为A、B角，测报岗位1、3，测报岗位2、4互为A、B角。

2018年全国农业技术推广服务中心病虫害测报处人员与工作安排

　　处　长（刘万才） 主持全面工作，负责测报工作规划、技术服务创收和财务管理工作；负责水稻病虫等预报工作的组织指导；参与植保立法的有关调研、论证与起草工作；负责处内承办的中心文件（文、函、请示等）的核稿工作。

　　副处长（姜玉英） 协助处长做好日常业务工作，负责处室绩效管理细化和棉花病虫测报及油菜、玉米（包括黏虫）病虫及草地螟等病虫预报工作的组织指导，相关调研与督导活动，相关测报标准制定和科研项目等工作；负责植保工程的组织实施和调度；负责全国病虫测报区域站管理日常工作；日常工作中重点负责处内承办的病虫情报等材料的核稿工作。

　　副处长（黄冲） 负责小麦、马铃薯病虫，以及蝗虫监测预报及相关病虫发生信息调度工作；负责重大病虫害监测预警信息化建设、病虫监控中心建设运维管理；组织全国病虫测报区域站管理日常工作；负责政务信息系统整合共享和农作物病虫疫情监测中心建设项目日常工作；负责自动化、智能化实时监控测报工具试验跟踪和联系工作。

　　农艺师（陆明红） 负责水稻病虫的预报及相关病虫发生信息调度工作，承担相关标准制定和科研项目；负责中越、中韩迁飞性害虫合作项目的日常工作；负责处内档案管理工作；负责CCTV-1电视预报的协调联络工作；负责害虫性诱实时监控系统试验、示范和联系工作。

　　农艺师（刘杰） 负责玉米（包括黏虫）等作物病虫和草地螟的预报及相关病虫发生信息调度工作；协助做好棉花病虫害测报资料的收集整理工作和处室绩效管理日常工作，负责中国农技推广网"病虫测报"子网站的运行与维护工作；负责处内资产管理；承担相关标准制定、科研项目以及其他相关业务工作；负责害虫性诱自动测报工具试验、示范及跟踪联系工作；负责小虫体自动记数工具试验、示范及联系工作。

　　农艺师（杨清坡） 负责油菜病虫害和蝗虫的测报工作，负责蔬菜、果树等经济作物病虫害的测报与管理工作；协助做好水稻病虫害的预测预报及信息调度工作；协助处理中越、中韩迁飞性害虫合作项目的日常工作；承担相关标准制定和科研项目；负责病虫害智能调查工具试验、示范及与联系工作。2018年下半年根据组织安排赴联合国工作，任P2职级官员。

　　注：实行A、B角协作制，其中正、副处长互为A、B角，陆明红、杨清坡，黄冲、刘杰业务互为A、B角。

图书在版编目（CIP）数据

农作物重大病虫害监测预警工作年报.2017/全国农业
技术推广服务中心编.—北京：中国农业出版社，2018.9
　ISBN 978-7-109-24609-6

Ⅰ．①农… Ⅱ．①全… Ⅲ．①作物-病虫害预测预报-中
国-2017-年报 Ⅳ．①S435-54

中国版本图书馆CIP数据核字（2018）第212389号

中国农业出版社出版
（北京市朝阳区麦子店街18号楼）
（邮政编码 100125）
责任编辑　阎莎莎　张洪光
文字编辑　冯英华

中国农业出版社印刷厂印刷　　新华书店北京发行所发行
2018年9月第1版　　2018年9月北京第1次印刷

开本：880mm×1230mm　1/16　印张：9
字数：291千字
定价：88.00元
（凡本版图书出现印刷、装订错误，请向出版社发行部调换）